如何創造全世界最好的工作

謝文憲 著

本書獻給我的父母

謝豐秀先生、謝鄭瑞媛女士

以及十年來，陪伴我的家人、朋友、

學員、讀者、聽眾、臉友們。

謝謝您們與我攜手共度滴水穿石的寫作歷程，

以及十年磨一劍的堅苦卓絕。

各界專業人士熱誠推薦

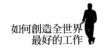

超級知識傳遞工作者憲哥，多年來透過課程、演講、著作，發揮著龐大的影響力。我除了有幸在企業內訓活動中，以管理顧問公司的角度，近距離感受外，更多時候是以粉絲的心情，看著他悠遊在眾多角色中。

「怎麼可以有人在職場上快速地轉換多種角色，還都玩出不簡單的樣子來呢？」這是我最常在心裡浮現的疑問？

得知憲哥要出版第十本著作《如何創造全世界最好的工作》，我想答案就在其中了，有目標才會有相對應的策略與作法。相信這會是一本、想有好工作並希望好好工作的每位職場工作者的必備成功聖經。

——邦訓企業管理顧問有限公司執行顧問　呂淑蓮

恭喜你，因為此時你手上正拿著這本書。

無論你是被書名吸引還是被作者吸引，都表示你對自己的工作狀態與生活態度有新的想像與期待，那麼你真的挑對書、找對人了。

很開心憲哥願意與大家分享這十五年來（也是網路世代變動最劇烈的十五年）的創業心得。

本書中的每一個觀念絕對都是現今走跳江湖該有的重要配備。

這些複雜繁瑣的「武林祕技」，在憲哥的仔細梳整下，透過五大原則與各式案例，簡單明瞭地呈現出來，使你可以輕鬆吸收並靈活運用。幫助你在面對接下來每一個職場難題，能夠快速且正確做出利人又利己的應對。

現在是個充滿機會的時代，所有的遊戲規則都在快速改變。如何在這樣的驟變中，創造出一個最適合自己的舞台？

就讓這本書來協助你吧。

——職場圖文作家　馬克

經營事業從來不是件容易的事，我曾是運動媒體的實際負責人，深諳其中滋味。

十餘年走來最後能有點品牌影響力，還能每年收入大於支出，我歸於有不錯的運氣，但其中的辛苦是難以外人道。我在想如果早一點認識憲哥，或是能早點得到這本葵花寶典，我是不是會少走一點冤枉路、少留點汗？

本書《如何創造全世界最好的工作》提到什麼是最好的工作。

主要就是知識型工作者的小經濟、從興趣中發掘專業與創業的方向，這似乎和我們公司相符的，結合一群對運動媒體有興趣、有熱情的從業人員，一起打拚。然後我覺得自己最棒的是，能做到憲哥所提的，最終能「養活自己、員工與家人，還有餘力去幫助別人」，那感覺真的很棒。

看了本書我心裡點頭不已，雖然創業有點小成就，而且頗符合憲哥所揭示的宗旨，但我還是很歸於我的運氣，如果你也想要創業，想創造出全世界最好的工作，而不僅靠水晶球指引的話，那麼翻翻本書或許可以找到答案。

——資深棒球球評　曾文誠

過往的教育和社會氛圍要我們認真讀書，以獲取一份好工作，所謂的好工作無外乎是高薪穩定，例如日本的終生僱用制，說穿了就是尋求一份「安全感」。只是職場型態在這十多年來有著歷史上前所未有的快速轉變，我們已無法單靠一門技術用時間換取薪水，只是當個賺錢餬口的經濟動物，也不是我們想要的人生，那麼我們該如何創造全世界最好的工作呢？

憲哥這本書包含理論與實務，不管是對想要開始創業或是已有安穩的工作想尋求突破的讀者，都是很棒的指導參考書。我找到工作的平衡與人生的熱愛，很滿意現在的生活，希望您也能透過本書，打造出自己最棒的工作！

——《靈界的譯者》作者索非亞　劉柏君

如果影響力是一種資本，那我確定憲哥是富豪，而我是被資助的那一方。

企業講師是一個神祕又令人費解的工作，試想，公司安排了一堂課，要您坐在教室一整天，聽一位「外面來」的專家告訴我們員工應該如何管理、公司現在遇到什麼問題……

老闆期待您上完課脫胎換骨，您是不是覺得匪夷所思？憲哥在課堂上曾分享賣房給一對盲人夫妻的故事，竟讓我在課堂上有感而發淚流不止，這件事改變我看待工作的價值觀，那是影響一輩子非常重要的提醒。

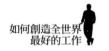

我那時才知道，講道理誰都會，但要推動別人改變，要功力。這是我認識的憲哥，說出影響力。如何創造全世界最好的工作，我認為關鍵點在您自己，但書中的 LEWIS 原則能提點您方向，向您推薦！

——言果學習執行長　鄭均祥

〈專文推薦〉

知識型個人工作者的成功方程式

郭台銘

當聽說鴻海辦理的獎學金邀請「憲哥」當評審，正在想我們永齡的執行長 AMANDA 找綜藝人士來擔任評審，是否有特別的涵意？結果在獎學金的頒獎典禮上得見廬山真面目，原來是講師界「憲哥」，說起話來字字珠璣，搞笑的功力也不在話下，但更具練達與智慧，中氣十足，正能量滿分，這是我對謝文憲先生的第一印象。在這裡先感謝「憲哥」協助鴻海辦理獎學金，不僅是擔任評審，也錄製一些鼓勵及學習的影片，提攜學子不遺餘力。

這是「憲哥」十年來的第十本著作，恭喜雙十有成，我對講師或知識型個人工作者的生涯一無所知，略讀這本書發現事業成功無關大小，書中講到「小有小的好，大有大的惱」，相較於建立像鴻海這樣規模的事業所要承擔的種種，知識型的個人工作者如何成功與幸福的方程式，書裡有完整介紹。

但不僅如此，活在重視個人品牌的網路世代，書中許多觀念大家都可以學習，尤其是心態問題，我有榮幸來寫一篇推薦文可能和裡面一個章節有關：「在網路世界存活，心態要像選總統」。就像書中講的，在自己的領域裡多半是別人來求你，跨領域爭取支持，往往需要放低姿態，要走出自己的舒適圈，除了勇氣與毅力，認知與心情都需要調整，習慣登高也要能彎腰，堅持初衷，看清目標，輿論如流水，潮起潮落。郭台銘在七十歲還能體會與學習，相信可以鼓舞很多患得患失的朋友們相信自己。

經營個人與經營事業道理都一樣，紅利增長，管理增長，創新增長，比別人好，不如和別人不同。這本書知易行難。謝文憲先生的開頭寫得很好，滴水穿石，不是水和石頭厲害，而是時間太厲害，用對方法，日起有功，祝福大家。

（本文作者為鴻海集團暨永齡基金會創辦人）

〈專文推薦〉

一窺幸福工作的堂奧！

何飛鵬

憲哥又有新作了！讀完了他的新作，我只能說，憲哥生活得很精采、工作得更精采！

近幾年，「斜槓人生」或如憲哥在書中更倡導的「工作組合」（job portfolio）似乎成了一個很熱門的話題，那是因為大多數人都嚮往能夠擁有多重職業與身分、享受多元生活，而不是「從一而終」地將自己綁死在一項專業或工作上，每日朝九晚五地過著一成不變的人生。

這種模式打破了職業或身分的疆界，甚至打破了人們必須坐在一張辦公桌前工作八小時的時間慣性。就如憲哥，他可以是企業內訓講師，可以是廣播節目主持人，可以是作家，更可以是老闆，他擁有支配時間的自由，更可以隨心所欲地從事自己所喜歡的工作。更重要的是，他可以享有財務上的自由，這正是組合式工作之所以吸引人的原因。

當然，想要成為一位成功的組合式工作者，必須具備相當的條件、付出相當的努力。憲哥在書中知無不言地分享了他如何從職場生涯跳脫出來，成為一個多元工作者的心路歷程。他甚至大方公開了他多年來的收入，以及屬於他那個專業領域中的「不宣之祕」，讓後繼者可以自其中獲得寶貴的經驗，從而思考自己究竟要怎麼創造屬於自己最好、最幸福的工作。

我佩服他如此開放地公開這些資訊的勇氣，我想，這是許多不得其門而入者一窺堂奧的大好機會，值得好好把握！

（本文作者為城邦媒體集團首席執行長）

〈專文推薦〉

職涯抉擇的人生智慧

葉丙成

看完憲哥這本書，我的感想是，這真是一本非常適合職場工作者看的好書！特別是三、四十歲的職場工作者。

為什麼這麼說？雖然憲哥以前也寫過跟職場相關的書，但我認為這本書的價值更甚以往！當我在看這本書的時候，我非常震撼，因為憲哥把他這麼多年來的幾次重大職涯轉折的背後種種考量、數據及決策過程，毫無保留地跟大家分享。你在別的書，很難看到一個作者這麼無私地把他這麼多職涯抉擇的決策過程跟你分享。

我們常常會看到一些事業很成功的人而羨慕。但除了羨慕與佩服外，我們不知道他是經過什麼樣的歷程才能有如今的成就。而當我們只看到別人的成功而不知道人家是怎麼做到時，伴隨而來的，便是極大的焦慮。

尤其一般人都不喜歡做改變，特別是在職涯上的選擇、抉擇，更是一個非常難做的決定。也因為這樣，許多人就得過且過，庸庸碌碌地過了一輩子。

但憲哥這本書，會讓你看到，憲哥在經歷每一次的職涯改變時，他所做過的種種考量、種種比較，跟他最後的決定。在每一個憲哥無私分享的案例中，你可以把自己套入那個情境中，思考如果你是憲哥的話你是否也會做相同的抉擇。這會幫助你，在未來面對自己人生職涯的抉擇時，更有方向、更有勇氣去做出改變。我真心認為，這是每個職場工作者，都需要的決策智慧。

人一輩子在職場工作三十餘載，如何讓自己開拓出真正屬於自己的職涯，真的非常重要。我極力推薦大家來看憲哥這本好書！

（本文作者為台灣大學電機系教授）

〈專文推薦〉
一本書，一部祕笈

王永福

身為憲福育創的合夥人，在這幾年的合作關係後，可以這麼說：我有機會比大部分人更了解憲哥。

但是，看了這本書之後，我有點嚇到……真的假的？

憲哥真的打算把所有過去累積的 Know-How，全部大公開了嗎？

書裡面有許多過去我們在合夥人會議中，才會談到的「機密」內容，有很多絕對是過去「不公開」，甚至在演講或上課時會被「消音」的材料，憲哥都在書裡寫出來了！（真的假的，這本書真的要公開嗎？）

甚至還有許多新的想法，或系統化整理，或是我以前不知道的事，這本書也都寫出來了！當然我也知道，憲哥這麼做，也是因為他心裡面總是想到「利人」與「傳承」，也許這一年來的許多變化，促使他更加知無不言、言無不盡，把所有他藏在心中的話跟祕密，完整地寫在這本書中。

身為合夥人，我也會跟過去我們一起打過的許多戰役

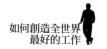

一樣，站在憲哥的身邊，支持著他。為什麼憲哥能這麼有活力？這麼有執行力？為什麼他的商業版圖，能從單一講師路線，提升到行業頂尖？又如何從一條事業線，開展成全面的商業版圖？在做每個不同專業決策的時候，憲哥心裡面有什麼考量？在進退之間，他是如何取捨？如何從轉換自己的每個機會，到創造出全世界最好的工作？

這是一本好書，也是一本祕笈！

但……最好你不要買！因為買了之後，你可能會比身為合夥人的我更了解憲哥啊！不甘心推薦，記得不要買哦！

（本文作者為憲福育創共同創辦人、
《上台的技術》與《教學的技術》作者）

〈作者序〉
滴水穿石的十年

「滴水穿石，不是水多厲害，也不是石頭不厲害，而是時間太厲害。」

打從四十歲有念頭出書未果，到十年前（二〇一〇）有幸認識城邦媒體集團首席執行長何飛鵬先生，一路從春光出版的前面五本書，緊接著商周出版的三本書，中間岔路到了方舟出版一本書，如今，這是我的第十本書了。

我曾是個大學聯考國文僅考四十四分，連低標都沒有的高中生，從小討厭背國文，尤其古詩、散文、傳記、小說一本也不看，十年了，走到這裡，不要說是你，連我自己都覺得不可思議。

過去十個月，我承認自己處在渾渾噩噩的狀態，本想透過手術切除心頭大患，未料惡性腫瘤搶先曝光，人生大轉彎。轉彎的不只工作，還有人生觀，不變的仍是我對生命的熱情。

二〇二〇本想有個新的開始，沒想到 COVID-19 新冠

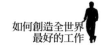

肺炎來攪局，加上大年初四車被撞、左肩傷勢困擾不已、爸爸倒地、弟弟心肌梗塞、籌拍戲劇《暗號》起步階段艱難重重、課程全部延後……，我一度嚴重懷疑自己，我到底還能做些什麼？

武漢封城，疫情蔓延全球那些天，也是我意識到自己不能再這樣下去的時候，我覺得世界變了，變得無法預測了，偏偏那幾天，兩架直升機先後在台灣、美國分別墜落（黑鷹、Kobe），加上劉真辭世，人生與世界都籠罩在灰暗陰影中，我幾乎快要喘不過氣。

我不斷告訴自己，我不可以溺斃在漩渦中，我要自己爬起來，我就隨手緊抓兩根浮木，一個是重新找回幼時夢想：鋼琴，一個是力拚人生第十本書。於是，鋼琴與寫作，幫助我從溺斃的漩渦中慢慢起身、爬起。

一月起，我天天晚上跑琴房練琴，白天則是每天五點半起床。在寒冷的一月下旬早起，很有決心吧？我只花了四十天，就把這本新書寫完，很難忘的經驗，我終於體認到「天助自助者」的道理。

寫作與鋼琴，我都沒有天賦，都是靠持續努力達成目標的，相較於我的演講能力與授課技巧，出版十本書，更值得嘖嘖稱奇。

今年是我工作第二十九年，前面十五年是上班族，後面十四年是創業歷程，這本書將我從三十八歲到五十二歲（二〇〇六到二〇二〇年），最精華的十四年，剖析我如何透過體會生命最高目標，發現全世界最好的工作的四大特徵：「可熱情投入、有滿足感與成就感、協助他人克服問題、體認生命會發光」，並能避開人生五大恐懼：「身體、社交、財務、情感、知識」的風險，用「首度跨足、收入主力、實驗性質、邊做邊學、真正想做」的「一錢測學心」等五大工作類別構面，結合工作組合（job portfolio）的想法，利用「LEWIS 五大原則」，以「三贏思維」為核心，寫下這一本書，獻給有小規模創業夢想的職場工作者，您最終會發現：「助人，不僅是快樂之本，還是全世界最好工作之本。」

謝謝這十年，一路陪伴我的創業夥伴、好朋友、管顧群、編輯群、廣播製作、忠實讀者、好學的學員、忠實聽眾，您們都說我是您們的貴人，事實上，您們的陪伴，才讓我擁有全世界最好的工作，我也毫不保留地將我所有的創業心法公諸於世。

是的，毫不保留。

創業至今，也該適時按下暫停鍵，我雖順利存活，但某部分的我，卻已死去，暫停是為了修補殘缺，繼續上路。

十年創作十本，無悔寫作人生。

如何創造全世界最好的工作

Contents 目錄

Part 1

幸福就是
——你熱愛的工作適合你

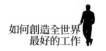

我是否擁有全世界最好的工作？

開始閱讀本書之前，請先針對您目前的工作，完成以下憲哥自行設計的「最好工作組合指數」（JPI: Jobs Portfolio Index）測驗吧！測驗包括兩部分：

工作滿意指數（SI）

這部分的自我檢測，有四個項目，請依 1-5 分自我評估，一分表示非常不同意，五分表示非常同意。

	非常同意 5 分	同意 4 分	普通 3 分	不同意 2 分	非常不同意 1 分
可展現熱情 全心投入工作					
可滿足成就感 生氣蓬勃					
可協助他人 克服問題					
可體認自己 生命會發光					

憲哥解析：

19-20 分：全世界最好的工作（A）

17-18 分：全台灣最好的工作（B）

13-16 分：還不賴的工作（C）

9-12 分：你家附近最好的工作（D）

4 - 8 分：只有你覺得好的工作（E）

寫下您的工作滿意指標分數：__________

工作風險指數（RI）

這部分的自我測驗，有五個項目，請依 1-5 分自我評估，一分表示非常擔心，五分表示完全不擔心。

1. 身體的風險：包含工作安全與身心靈的健康與否。

2. 社交的風險：包含人際、溝通、從屬、群聚、交友等關係的滿意度高低。

3. 財務的風險：家庭財務與基本生活是否能透過收入得到保障。

4. 情感的風險：外在社交與內在情感的需求是否得到滿足，以及工作與家庭的配合程度。

5. 知識的風險：現代工作者必須隨時吸收新知，增進技

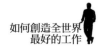

能，否則會有與社會或時代脫節的風險。

	完全不擔心 5分	不擔心 4分	普通 3分	擔心 2分	非常擔心 1分
身體的風險					
社交的風險					
財務的風險					
情感的風險					
知識的風險					

憲哥解析：

24-25分：全世界最好的工作（A）

21-23分：全台灣最好的工作（B）

16-20分：還不賴的工作（C）

11-15分：你家附近最好的工作（D）

5-10分：只有你覺得好的工作（E）

寫下您的工作風險指標分數：＿＿＿＿＿

全世界最好工作的指數（SI+RI）

A=5分，B=4分，C=3分，D=2分，E=1分

例如：工作滿意指數若為17-18分，則為B（4分），

工作風險指數若為16-20分，則為C（3分），合計就是7分。

將上述兩個分數加總，滿分10分。您可以根據正面指標（工作滿意指數SI），以及負面指標（工作風險指數RI），合計正反兩面指數後客觀評估自己現在的工作。在開始閱讀本書之前，這個指標具有高度參考價值。

寫下您的最好工作組合（JPI）指數：__________

1 找到你獨有的工作組合

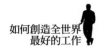

能夠避開五個風險，並達成人生四大目標的工作，就是我心目中全世界最好的工作。

「一日之所需，百工斯為備。」

這句話說明了「社會上的每一種工作都很重要，並沒有貴賤、好壞之分」。但研究職場行為這麼久，總該對理想、幸福的工作有所詮釋，我想先提提我的看法。

首先，職場工作僅是人生的一部分，絕對不等於全部人生，但我們不可否認，工作占據人生大部分時間，因為工作或職業可以產生金錢、安全、社會肯定、歸屬感，甚至自我實現。我們不得不說，在「一日之所需，百工斯為備」的情境之下，你一定也會是那「百工的其中一工」，只是你選擇做什麼工作而已。

四大目標與五大風險

我認為人生的四大最高目標（即工作滿意指標）是：

1. 可熱情地全心投入

2. 滿足感與生氣蓬勃

3. 協助他人克服問題

4. 體認到生命會發光

依據上述四個條件，我重新自我檢視一番，自認有達到八十分以上的水準。我的標準很簡單，人生的成功，從來就不只是自己能過得有多好，而是能進到一種「心流狀態」，不僅在做某件事的時候，不容易覺得累，甚至能感受到生氣蓬勃，感受到無比熱情，並能協助他人，又能昇華自己。

當然，金錢、權力、地位、影響力這類的外顯成就，也會自然地水到渠成。

想要達到上述的「心流狀態」，我認為首先要避開以下五類風險（工作風險指數），唯有避免暴露在高風險下，才有機會實現全方位的人生自由。這五類風險分別是：

1. 身體的風險：包含工作安全與身心靈的健康與否。

2. 社交的風險：包含人際、溝通、從屬、群聚、交友等關係的滿意度高低。

3. 財務的風險：家庭財務與基本生活是否能透過收入得到保障。

4. 情感的風險：外在社交與內在情感的需求是否得到滿足，以及工作與家庭的配合程度。

5. 知識的風險：現代工作者必須隨時吸收新知，增進技能，否則會有與社會或時代脫節的風險。

我認為，能夠避開以上五個風險，並達成人生四大目標的工作，就是我心目中全世界最幸福、最好的工作。

但要怎麼避開以上五個風險？

只要有基金投資經驗的上班族，一定都聽理專說過以下這個字眼：「portfolio」（組合與配置）。簡而言之，就是資金不要放在同一個籃子裡，主要目的是分散風險。因為在各種投資管道中獲得大小不一的報酬，比起將雞蛋放在同個籃子裡，風險會相對變少。

我自己就在不同階段，對於資金（閒錢）的配置，有不同的規劃，如下表範例的組合矩陣（Portfolio Matrix）：

	股票	股票型基金	債券型基金	定期壽險	定存
30 歲	15%	15%	20%	25%	25%
40 歲	15%	20%	25%	20%	20%
50 歲	15%	20%	30%	15%	20%

（提醒：因財富累積可能隨年齡而增加，越往後期，投資金額可能越來越高。）

工作組合的概念也相同，年輕的時候，在剛起步的階段，工作或許不好找，一個工作要用盡全力衝刺。但不管什麼原因，如果遇到不適任的工作，應盡早更換，無需考量沉默成本。但最好在三十五歲以前確定下來，進一步開始規劃工作組合，成為一個組合式工作者。

你是組合式工作者嗎？

所謂的「組合式工作者」（portfolio workers），就跟大多數的職場工作者一樣，都是先從一份有酬的工作開始，隨著工作經驗的累積，會為自己訂下各種目標，例如體驗多樣而豐富的生活、在不同的工作場域扮演多重角色（例如我在企業訓練教室與廣播主持人兩個角色與工作地點之間轉換），並投入各種工作型態。其中有些工作會給支付薪酬，有些卻沒有酬勞，因此，組合式工作者必須在個人目標和專業目標、獲得金錢和回饋社會、休閒和工作、理想和現實，盡可能找到自己的平衡點。

尤其是三十五歲以後，整個事業可能會由幾種工作組合起來，跟資金配置概念相同。就像投資配置中會有風險稍大的期貨、股票、股票型基金，會有中度風險的債券型基金，也有低度風險的定期壽險、定存、現金活儲一樣，整體工作組合也會因為其中的工作類型不同而有所不同。

組合式工作的報酬有多有寡，投入的時間有長有短，工作目標也不盡相同，根據自身經驗並參考《零工經濟》一書，我把它們分成「一錢測學心」五大類型：

1. 首度跨足的工作（一）：第一次嘗試的新工作。

2. 收入主力的工作（錢）：多元收入中最主要的收入來源，通常合計要占總收入的七十五％以上。

3. 實驗性質的工作（測）：測試新機會，建立原型（prototype），不成功就及早捨棄，別花太多時間。

4. 邊做邊學的工作（學）：已確定工作方向，但仍不理解其中訣竅，需要點時間摸索。

5. 真正想做的工作（心）：有高度興趣，但不見得有報酬，像公益活動、有使命感的任務或人生待辦事項等。

透過下面這張表單來呈現我近年來的工作組合情況（其中二〇一二、二〇一四兩年都忙著瘋狂上課，工作組合變化較少，故未列入）：

	2011	2013	2015	2016	2017	2018	2019
首度跨足	出版事業	商周專欄 環宇廣播	憲福育創 餐廳經營	影音事業	代言合作	中廣 / 飛碟 九八新聞台	影視籌拍
收入主力	企業內訓	企業內訓	企業內訓	企業內訓 憲福育創	企業內訓 憲福育創 影音事業	企業內訓 影音事業 憲福育創	企業內訓 憲福育創 影音事業
實驗性質	出版事業	商周專欄 環宇廣播	遠見專欄 蘋果專欄 餐廳經營	夢想實憲家 電影包場	書房憲場 代言合作 一號課堂	三大媒體 主持 孜孜線上聽	棒 球 事 業 PressPlay
邊做邊學	出版事業	商周專欄 環宇廣播	餐廳經營	影音事業	代言合作	知識型網紅	影視籌拍
真正想做	出版事業	廣播主持	憲福育創	影音事業	代言合作	影音知識 付費	影視籌拍

這樣的工作組合，其目標與優點為：

1. 降低單一工作的風險。
2. 報酬多樣化，收入來源風險降至最低。
3. 免除單一工作的煩悶與重複所帶來的疲憊與倦怠。
4. 順應網路時代的發展，開發新的工作型態。
5. 先從某個工作的小成就開始累積，建立進可攻、退可守的絕佳定位。
6. 交友圈避開同溫層，擴大接觸面，創造人脈弱連結的新機會。
7. 以刻意以小規模操作，降低入行門檻，以個人特色取代大公司的限制與阻礙。

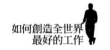

我是一個用熱情謀生的人。從二十三歲踏入職場開始，粗估到六十三歲，四十年的人生歲月應該都處於工作狀態，或許未必有實體或有固定的工作場域，仍然是在工作。正在閱讀本書的你，跟我的年紀可能不太相同，一生中投身於工作的時間長短可能都差不多，無論是四十年或三十年，正是人生最精華的歲月，值得你我好好努力，追尋那一份能夠克服五個風險、達成人生四大目標、全世界最幸福、最好的工作。

接下來，我將承接前面的「四大目標與五大風險」，從工作組合的概念出發，涵蓋公司或是個人型態、報酬的多寡、投入時間的長短，以及不同人生階段等面向，並以「小經濟」、「興趣」、「三贏」為主題，和大家一起探討我所認為全世界最好的知識型組合式工作。

2 知識型工作者的小經濟

跟我有相同夢想的朋友，不要害怕困難，勇敢前進，實現你的美好人生願景。憲哥能做起來，你也可以試試看！

或許你會問：「小有什麼好的？」我更想問：「大有什麼好？」

以下要討論幾個重要的想法：

1. 本書所謂的大與小。
2. 大的好與壞。
3. 小的好與壞。
4. 什麼讓小越變越好？
5. 憲哥的小規模經濟工作組合，有哪些來源？

個人收入能比上市櫃公司高嗎？

去年年底某一天晚上，我受邀參加民視「財經周日趴」的節目錄影，由於是大年初二回娘家的「年初斷捨離」特別節目預錄，來賓都穿著紅色的衣服，非常喜氣。

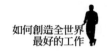

主持人邱沁宜是我的朋友，來賓阿佘是財經與股票投資專家，兩人對談時，阿佘提出一個問題：「各位觀眾，您們覺得自己的收入有可能比一家上市櫃公司更高嗎？」

我心想：「哪有可能？」

沒想到，電視大屏幕中出現一家股票上市公司，某一年某個月的營收財報，只有新台幣一點六萬元，阿佘問大家：「現場來賓應該都超過這數字吧？」

我們笑著點頭。

他接下來補充，這只是營收喔，還沒有扣除營業成本、薪資、設備攤提等其他項目，所以淨利一定是負數，而且還是負很多。

雖然這僅是特例，不會是通例，可以笑笑帶過，卻讓我有許多思考。

是啊，我們到底是追求營業額？還是淨利？還是社會價值？或是企業的名聲？我想人生或企業的每個階段應該有些不同，但成立企業的主要目的不會是慈善，而是獲利，因此才會有「無法獲利的公司，是社會負擔」的說法。

企業成立的目的如果是追求最大利潤，那麼如何才能做到呢？

探討企業成長的經典著作《從 A 到 A⁺》中有句名言：「卓越的企業多半不是因為機會太少而餓死，而是因為機會太多、消化不良而敗亡。」或許，對於企業而言，真正的挑戰不是如何創造更多的機會，而是如何選擇機會。然而，「企業規模是選擇出來的」，如何能夠保持「刻意的小」，或者「有紀律的專注」，就是企業生存的一個極為關鍵的問題。

《一人公司》一書也提到：「世上沒有持續成長這回事。」我認為：「追求成長率或營業額，不如追求淨利率。」國內外作者觀點，都各有其奧妙，但也有其異曲同工之妙。

大企業 vs. 小公司

何謂大企業？何謂小公司？不是這裡要討論的問題。

公司年營業額低於三千萬，員工人數在五人以下，老闆或創辦人通常是創造營收的人，這類型的企業跟我目前的平台組成很接近，也是我這本書要探討的對象。雖然很接近所謂的 SOHO 或是 freelance 的工作型態，但即使從事這類工作，建議還是要成立公司組織，無論是股份有限公司，或是有限公司均可，或者要把它定義為「一人公司」

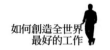

也行，名稱若有不同，僅是定義不同罷了。

無論如何，個人思維跟公司思維，在運作上還是有很大的不同。

非上述類型的企業，我定義為中型或是大型企業，不在此書的討論範圍內。

在我進入職場後，前面十五年工作經驗中，無論是任職於台達電子、中強電子、信義房屋、華信銀行（後來更名為永豐銀行）、安捷倫科技（後來更名為是德科技），都還算是超大型公司的規模。雖然當年我僅是基層主管的小小螺絲釘，但當時的工作視野、事業規模、接觸的層次與組織，都讓我看到很棒的風景，在此也要謝謝我的老東家們，賜予我無比的人生養分。

就是因為這樣，我知道大公司的優點，也理解其限制。創業十四年後，我更是清楚自己的優點跟缺點，加上我夠認識自己，才想要提筆寫下這本書。也藉此鼓勵跟我有同樣夢想的朋友，勇敢前進，不要害怕困難，相信你也有機會賺足夠的錢，實現你的美好人生願景。

任職於中大型公司的好與壞

以下是我基於個人經驗，包括十五年任職於企業，以及我在擔任講師時期看到大公司的點滴風貌。

任職於中大型公司的好：

1. 同事多元，學習也多元。
2. 成長與晉升機會多，無論水平或是垂直歷練，都有助於擴大職涯視野。
3. 尾牙、春酒、旅遊、家庭日、年終等福委活動，可以幫助員工探索工作以外的天賦。
4. 制度較為完善，是印證學校所學的較佳環境。
5. 派駐海外或是出差機率較高，能夠有跨國的學習機會。
6. 主管與部屬均較為多元，是磨練人際溝通的好環境。
7. 分散風險，就算公司營收不太好，除非意外，大都能擁有一定水準的薪資與保障。
8. 保險制度較為完善，如提供定期健檢等，也較小公司有制度。

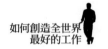

9. 學校畢業前幾年，進入大公司的同學，跟同儕會比較有話聊，有共鳴（僅限前幾年）。
10. 爸媽有面子。

任職於中大型公司的缺點：

1. 科層組織明顯，難免產生官僚化的現象。
2. 組織核心不易理解第一線的辛苦，末梢神經反應較慢。
3. 沒必要或無效的工作流程很多，部分是為了滿足主管的控制欲。
4. 為避免貪瀆與內部稽核的漏洞，預防型的作業流程很多。
5. 不必要或是不想要的人際關係很多。
6. 晉升有時要靠排隊，時常遇上雙黃線，後方新進人員禁止超車。
7. 薪資按照規定，不是你說了算，要考量公平性。
8. 業務搶案或多或少皆有所聞，競爭者大多出現在內部。

9. 容易形成舒適圈，其實有時並不是自己有多行，而是公司很行，讓人誤以為自己很行。
10. 資源很多，但取得相對不易。

那小型公司呢？

自創小公司的好與壞

自創小公司的好：

1. 所有事，自己說了算，彈性超大。至於原則？只要能活下來，就是原則。
2. 資金的調度與運用靈活，隨時可以轉帳、領出。
3. 名片上的職稱、抬頭自己印，愛印什麼，就印什麼。
4. 春酒、尾牙、旅遊……，想幾時辦，辦多大，自己就可以決定。
5. 想上班就上班，不想上班就不要上，只要自己開心，重點是薪水有著落就好。
6. 在「一人公司」的情況下，勞基法、一例一休、最低工資、上班打卡僅供參考。
7. 對於他人的請求，可根據自己的原則、真實需求，

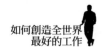

或是喜好來決定，想法也可以有「個性」，甚至任性。

8. 差旅申請、採購設備、出差日付額的預算既無上限，也無下限。
9. 發票自己開，不僅學會怎樣開發票，也絕對不會忘記公司統編。
10. 小組織也能發揮高影響力，尤其在網路世代。

自創小公司的缺點：

1. 一旦類似 COVID-19 新冠肺炎疫情來攪局，現金流出問題，薪水付不出來，你就慘了。
2. 自己的勞健保，用最高級投保，你撫養眷屬的健保也是最高級。
3. 員工萬一離職，當年員工離職率馬上飆升至三十％至五十％。
4. 一天到晚想出去玩，星期六、日想要休假？你是不是想太多了？
5. 到處結盟、參加社團交朋友，就算你不喜歡某個人，也要勉強一下，因為，「聽說剛創業很缺人脈」。

6. 身體不好、受傷、開刀，輪到你上場，就是要上場，因為牛棚裡沒有人可以換。
7. 「謝執行長／謝總經理您好，請問您公司裡有幾個人啊？」這題尷尬做答！
8. 「請問憲哥在做什麼工作？」哎呀，好難回答啊！斜槓到底有什麼好？
9. 身兼粉絲團版主加小編，沒日沒夜接受 call in。
10. 寫書賺零用錢，也不容易啊！

近年來，因為以下原因，讓「小規模」的公司越來越好經營：

1. 網路：網路盛行，創業門檻稍微降低。
2. 刻意：你可以刻意讓公司小，很難刻意讓它大。
3. 自我實現：營業額不用多、不用大，賺錢養活一家子人還有餘，同時養活同事與同事的家人，甚至庇蔭家族成員。行有餘力多做公益，幫助弱勢，公司年營收三千萬剛剛好（其實已經很好）。
4. 趨勢與環境：彈性大，可能性就大，好幾個斜槓

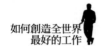

的機會也多，體會新人生的機會大增。

5. 政府鼓勵：開設公司所需資本額不高，登記很簡單，在家就能工作。
6. 防疫：防疫期間在家工作，一點也不麻煩或困擾。
7. 同事：不用跟不喜歡的同事相處。
8. 休閒：可挑選有興趣的社團與學習型組織，主動參與。
9. 線上學習平台：面對自己不懂的很多創業問題，線上網路學習平台可提供資源。
10. 憲哥能做起來，你也可以試試看。

憲哥小規模經濟的收入來源與推估比例，若以二〇一九年為例，年淨利潤粗估一千零五十萬。

1. 企業演講與課程收入：課程知識型收入四十一%（主動收入）。
2. 公開班課程及公司投資與授課收益：課程知識型收入二十八%（主、被動收入）。
3. 影音版權收入：影音知識型收入二十二%（主、被動收入）。
4. 利息收入：投資收入三%（被動收入）。

5. 出版品版權與專欄、推薦序撰稿收入：文字知識型收入一點八％（主、被動收入）。
6. 租金收入：投資收入一點六％（被動收入）。
7. 基金收益：投資收入一點三％（被動收入）。
8. 商業代言、直播、電視節目收入：品牌收入一點二％（主動收入）。
9. 廣播製作主持與音頻收入：聲音知識型收入零點一％（主、被動收入）。

前三項的知識型收益占了九十一％，整體知識型收益占約九十三％。未來的功課是前兩樣能減少，關鍵做法在於改變知識型收益的比例與產生的方式，增加被動收入，迎接「第二座山」——人生高峰來臨時的寫意新生活。

3 從興趣中發掘專業與創業方向

這世界上最幸福的事，不過是你熱愛工作，而這工作的確也很適合你，更棒的是：「你創造了這工作的組合與全新模式。」

「憲哥，您是如何走向講師這一行的？」

擔任講師多年，這一題經常被問到。我想用非講師的視角來回答，包含四個方面，適合每個人套用在自己身上。

1. 求學與工作時期
2. 你與他人的差異
3. 成就與熱情的來源
4. 專業與興趣

求學與工作時期

回想一下，你在念書的時候，什麼科目比較擅長？

「蝦米？談網路創業，還要先從學生時代的考試科目談起喔？」

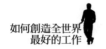

是的，我的答案正是如此。功不唐捐，人生沒有一樣經歷會白白浪費的。念書的時候，我的數學很好，地理、化學也不錯，英文、音樂平平，國文、歷史、物理、美術、體育、工藝都差了點。

正因為學科科目是一種媒介，藉由念書的表現，你會清楚發現你與同學的差異，無所謂好壞，我希望你也可以想想，或是多多察覺其中的奧妙，對孩子的觀察也是這樣。

求學時期，我們有許多機會與同學合作，跟老師互動。以我為例，在班級中我察覺自己上台講話不會緊張；在台上一講笑話，同學都會哄堂大笑；老師或是班級同學選我為幹部時，我總能盡責完成任務；帶頭做事或是作亂時，我都有份；我總能講出一套令同學或老師都點頭稱讚的話。

尤其高中和大學時期，因為擔任班級幹部或是學員會會長，辦活動成為我的專長，帶活動成為我的天賦，面對群眾講話成為我的特點，這些都是日後回想時發現的。

其他不擅長的，我就不說了。

踏入職場之後，尾牙晚會主持人、節目表演者、福委會委員或幹部、運動會啦啦隊長，每一年都有我的位置，發展至此，路線其實很明確了。

我非常鼓勵年輕朋友多多嘗試，嘗試到錯誤的雷區也不用擔心，因為知道哪裡是雷區或是自己不擅長的區域，下次就別重蹈覆轍，未來這些經驗，都會成為創業時的養分或是抗體。

你與他人的差異

請努力想一想：你是否有類似經驗，某件事他人要做好久才能做好，而你輕輕鬆鬆就能完成？

或許別人做個三天三夜只能做到七十分，你卻花一個下午就能有八十五分？

「不公平！真的很不公平！為什麼你這麼厲害，而我就算做到死也只有這樣而已？」

「怎麼你一出手，就能擺平別人花許多時間都無法完成的事！」

如果曾有人跟你說過這樣的話，那件事可能就是你的天賦——還沒有開發之前的天賦，雖然你不見得能因此取得未來的成功，也還沒跟所謂的大神比較，不過已經具有天賦的雛形與基礎了。

如果有，請你記下來；如果沒有，請繼續往下找。

成就與熱情的來源

《深度職場力》一書提到：「熱情是能重複做一件事，能產生無比成就感後的副產品。」

我認為重點並非熱情、成就感、副產品三個關鍵詞，而是「重複」。

重複就是你能專注做一件事，而不太會感覺累。別人試三次就放棄，而你卻能樂此不疲。或者可以把它說成，「因為我喜歡，所產生的專注力」。

或者再說明白一些，你上次做一件事做到忘記吃飯、忘了時間，那是什麼事？有這種事嗎？如果有，記下來；如果沒有，繼續往下找。

專業與興趣

你有考過證照嗎？履歷表上寫的專業是什麼呢？你平常有什麼休閒嗜好呢？這些你慣常保持的專業與興趣，也有可能成為創業的方向。

寫到這裡，看起來上面四個方向好像很簡單，不難嘛！但是，會成功嗎？

建議思考四個方向：

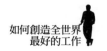

1. 你擅長的領域，有多擅長？如果用一到十來評分，你給自己幾分？（X 軸）
2. 進入那個領域的困難度有多高？如果用一到十來評分，你給幾分？（Y 軸）
3. 你能達到心流狀態嗎？有一定擅長，也有一定難度，兩個指標都要有七到八分以上。
4. 業界的頂尖人物在哪個水準？你跟他們比一比，能力如何呢？這會決定你的市場範圍。

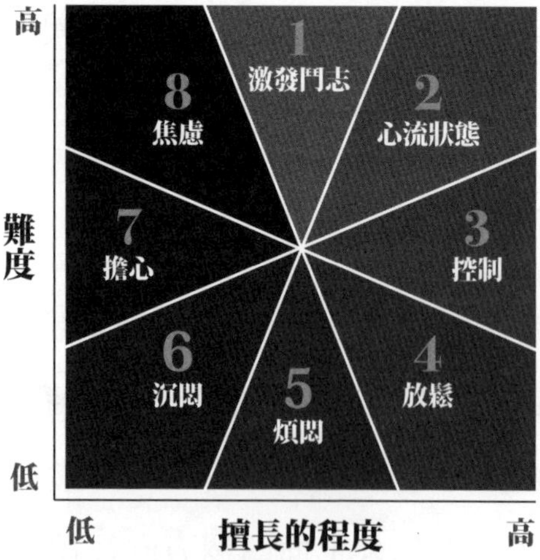

探索興趣與專業

最後再來跟大家分享我的故事。

我在台達電子人資專員時期擔任內部講師；中強電子行政部主任時期也擔任內部講師；信義房屋業務與店長階段都擔任內部講師；華信銀行階段也在外部講過一百四十七場 MMA（Money Management account）投資管理帳戶專案講座。

雖然後來在外商時期沒有機會擔任內部講師，但因在安捷倫科技得到全球總裁獎後，考量生涯規劃，加上自身背景與科技業大相逕庭，發展也會受到限制，我沒有戀棧最高榮譽，選擇了創業。

創業之前，我曾幫以前華信銀行的同事代打文化大學推廣中心的電話行銷課程，算運氣不錯，其中一位上課的學員，剛好是國內某家電信公司的訓練經理，因緣際會，由此開啟我企業內訓講師的旅程。

之間最重要的轉捩點是歷經母親過世，一個念頭轉換，心想：「出來闖，不是現在，更待何時？」加上盟亞企管、超洋企管、黎明企管等管理顧問好朋友那時的推波助瀾、情義相挺，提供我燃燒熱情的助燃劑與柴火，創業至今，也十四、五年了。

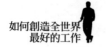

我已工作快三十年，前十五年是拿薪水、受雇於人，後十五年是創業打拚。這似乎意味著，接下來應該展開人生與職涯第三個十五年大計畫了吧？

4 三贏的思維、做法與布局

有利益要共享，合作才能長久。

在信義房屋工作了將近六年，信念就是：「買方滿意，賣方滿意，信義房屋公司與員工才會滿意。」

當然，我們也很清楚買方與賣方的立場時常相左，尤其是在價格上。然而事實證明，過去我在擔任房仲期間所成交的案例中，買賣雙方的滿意度調查，都可以同時取得高標準，而且不僅我做得到，許多房仲同業與先進都做得到。

職場的修練

進入安捷倫科技工作後，發生過一件事，讓我印象深刻，不曾忘記。

我因為某件工作的態度失當與重大疏失，造成客戶嚴重不滿與抗議。當董事長兼任總經理的申義龍先生，以及時任台灣主管的張志銘協理得知後，他們兩位除了在內部

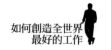

對我口頭申誡之外，並沒有要求我當面向客戶道歉，而是兩位長官親自登門向客戶道歉，這一件事情讓我感念至今。

兩位長官甚至可以將我解雇，我都無話可說，然而他們不但沒有，還願意給我一個改進錯誤、改過自新的機會。我想這也讓我在安捷倫的中後期，很願意服務同仁，擔任福委會、退職金、勞資關係委員會的無給職委員，並多次擔任我所屬事業單位運動會與尾牙晚會、春酒的工作人員。

我覺得自己是在報恩。

當時如果沒有他們兩位，加上維修部門三位主管，以及我的工作夥伴韻琴，就沒有今天的我。

在此，我向客戶鄭重道歉。

這個經驗讓我深刻體悟到，做一件事情，如果能夠對他人有利，也對自己有利，助人又能利己，才是一件值得做的事。

這個三贏策略（3 Wins Strategy），更是我在網路世界生存最重要的法則。

從初心到具體做法

不妨試著想想，如果你的公司商業規模不大，員工人數不多，年營業額可以帶給自己與他人的好處都不多，在現實社會，該如何生存？

還有，三贏講得簡單，該如何做呢？

我想先提提「初心」。

簡單來說，先求對對方有好處，或者你能解決他的問題，最後你自己也會水到渠成地得到那麼一丁點的優勢。

透過多年累積的心得，在此整理出十個具體做法，後面會透過實際執行的案例，進一步說明。

1. 看清楚自己到底擅長什麼，優勢在哪裡。
2. 清楚認知對方的痛點與麻煩處。
3. 用你的優勢去補足對方的弱點，產生一加一大於二的效益。
4. 如果沒有第三方得利，就不值得做。
5. 從幫助對方得利開始思考，就會有解套空間。
6. 你的隱藏需求可能是營收、人脈或者是商業機會，要清楚定義，越清楚越好。

7. 用價值取代金錢，人生不是每個階段都要以金錢為主。
8. 有利益要共享，合作才能長久。
9. 把對方的夥伴當作自己的夥伴來照顧，但別介入對方的員工管理。
10. 好事公開講，糾結私下談。

這本書中的許多案例都會告訴你，我到底是如何思考這十點的。

商業機會與布局

本篇整理出我過去所有的商業機會與三贏布局。

由於我從開始創業起，就聘請會計師做帳務與記帳管理，加上我自己一直也有做詳細紀錄的習慣，因此，這一份資料，全部為真實資料。我一直按規定繳稅，不怕公開真實的數字，在書中呈現，供大家參考。

所謂的「三方」是指：合作對象、第三方、憲哥。淨利粗估期間，從二〇〇六年七月至二〇一九年十二月三十一日。精準參考指標：管顧為授課時數、出版業為本數、專欄為篇數、廣播影音為集數與套數、媒體與商業合作為合作的頻率、期間、次數。

管理顧問課程摘要彙整：

1. 因應出道先後時期與第三方對象不同，以及合作時間長短，時數會有不同，單價當然也有不同。
2. 除了陸易仕國際是我自己的公司，憲福育創是與人合夥共同創辦的公司之外，其他企業內訓課程都是和管理顧問公司配合。
3. 除了二〇〇七至二〇〇九年與盟亞企管有簽定專任合約以外，其餘都是自由配合狀態。
4. 言果學習是世紀智庫的原有訓練部門，於二〇一九年單獨成立公司。

出版品：

1. 二〇一一至二〇一九年，我一共出版九本書，八本在城邦媒體集團（五本春光出版、三本商周出版），一本在讀書共和國旗下的方舟出版。
2. 在商周出版的書籍中，《千萬講師的五十堂說話課》是與王永福先生合著，《二十歲小狼・五十歲大獅》是與長子謝易霖合著。

3. 《故事的力量》是環宇電台於二〇一二年初發行的有聲書，而次年我在環宇電台主持「憲上充電站」節目有五年的時間（二〇一三至二〇一七年），「千萬講師的百萬簡報課 DVD」是由春光出版發行。

專欄：

1. 《商周》專欄名稱：「職場憲上學」。
2. 《遠見天下》專欄名稱：「遠見華人精英論壇」。
3. 《蘋果日報》專欄名稱：「職場蘋形憲」。

以上三大專欄皆為知名度極高、瀏覽量極大的專欄，其中遠見有一篇超過一百五十萬人次瀏覽，商周專欄合計超過一千五百萬人次瀏覽。

廣播：

1. 環宇電台：「憲上充電站」節目（二〇一三至二〇一七年）專職主持。
2. 中廣／飛碟／News98：「孜孜線上聽」付費音頻的首播節目合作平台。

影音：

1. 世紀智庫知識付費平台「大大學院」（之前為「Knack」）：職場修練二十四講、商戰直播讀書會、商戰名人讀書會、業務必殺訣竅、帶人的技術——主管必殺訣竅、說服力教練、超級好講師、運動管理——商業實戰MBA、大大讀書，共九檔課程（截至二〇一九年十二月三十一日止）。
2. 遠見天下：「一號課堂」。
3. PressPlay：「拿下這一場，職涯進攻與防守策略」。

媒體與商業合作均為單次配合，無長期合約，有關人流與金流交互引流的實際做法，稍後會有專文說明。

十四年的奔波勞累，用一張表，一些數字就完整帶過了。數字不會說話，過程中所產生的收穫與酸甜苦辣，將細細逐一道來。

營業額單位：千元

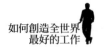

類型	合作對象	淨利（粗估）	精準參考指標	第三方
管理顧問課程	陸易仕——自有	30,000	2,000 小時	中大型企業
	管理顧問 A 公司	26,000	5,700 小時	中大型企業
	管理顧問 B 公司	4,000	810 小時	中大型企業
	管理顧問 C 公司	2,900	500 小時	中大型企業
	管理顧問 D 公司	8,000	1,000 小時	中大型企業
	言果學習	合作中	150 小時	中大型企業
	邦訓企管	合作中	190 小時	中大型企業
	憲福育創——共同創辦	金額保留	620 小時	金字塔頂端個人學習者
	其他多家小規模管顧	5,000	1,300 小時	部分學校與中小型企業
出版品	城邦媒體集團	2,500	共計出版八本書	一般讀者
	讀書共和國方舟出版	300	人生準備40%就衝了	一般讀者
	環宇 CD 城邦媒體集團（春光）DVD	80	故事的力量 千萬講師的百萬簡報課	一般讀者
專欄	商周專欄	250	205 篇	一般讀者
	遠見天下	75	50 篇	一般讀者
	蘋果日報	100	34 篇	一般讀者
	其他媒體平台	0	N/A	轉載

類型	合作對象	淨利（粗估）	精準參考指標	第三方
廣播	環宇電台	25	254 集	一般聽眾
	中廣新聞網 九八新聞台 飛碟電台	120	70 集	一般聽眾
	其他	10	N/A	其他電台邀訪
影音	一號課堂 孜孜線上聽	60	共計六套	一般聽眾
	世紀智庫 一大大學院	8,000 以下	九套	職場白領
	Press Play	30	一套	職場新鮮人
媒體與商業合作	商周奇點 創新大賽／今周刊 超業甲子園論壇	250	共五次，包含籌劃課程、主持與演講	年輕創業者與引薦的講師群／雜誌讀者及公開班學員
	高階簡報筆／電子書平台	350	代言一年	3C 使用者／電信業用戶
	房貸壽險／魚油／飲料	150	單次合作	網路社群
	高階健檢／DNA 檢測／房地產	210	服務交換	一般民眾
	各大出版社影片與直播合作	100	多次合作	網路社群

Part 2

以 LEWIS 五大原則創造最好的工作

網路時代個人工作術

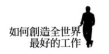

我到底如何把這最好的工作測試、創造出來的，本篇就會有最完整的說明與論述，這也是我心中最真切的想法。

Lewis是我的英文名字，我從高一用到現在的英文名字。一九八四年，我從中壢國中考上桃園聯考第一志願的武陵高中。我雖然沒挑戰難度更高的北聯，但或許這正是老天爺給我的青春期最好的禮物——「懂得知足與感恩」。

高一英文課，老師要我們選一個英文名字，我想了很久，決定用當年洛杉磯奧運甫拿下四面奧運金牌 Carl Lewis（卡爾・劉易士）的姓氏 Lewis 做為我的英文名字。Lewis，台灣翻譯成劉易士，他是我在血氣方剛、青春年少時期希望效法的運動明星。畢竟在那個年代，能夠在同屆奧運中拿下男子一百、男子兩百、男子跳遠、男子四百接力四面金牌，絕對不是省油的燈，更不是泛泛之輩。

當我把這個理由跟全班同學說明時，大家都嘖嘖稱奇，只不過很多人念不出來，其實這個字的發音就跟 Louis（路易斯）一樣。

二〇〇七年我成立公司，也用了Lewis這個字的英翻中「陸易仕」當作公司的名稱，一方面取其諧音，另一方面是因為我當時常跑大「陸」上課，兩個兒子的名字中間都有「易」字，再加上希望公司成為知識分子、讀書「仕」人教育訓練的最佳選擇，因此，公司名稱就用 Lewis 來命名。

我的英文名字三十六年來都沒改過，我也期待用這五個英文字母所代表的意義，完整詮釋出我對網路世代以小搏大的絕佳個人工作戰術，做出最完美、最合乎期待與精準的說明。

這五個字的意義分別是：

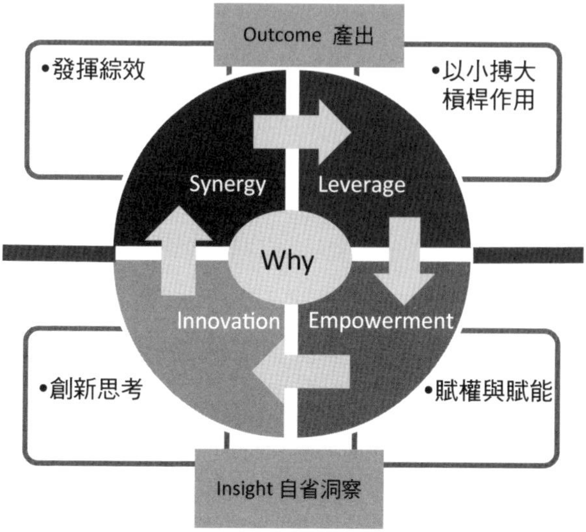

Leverage 以小搏大的槓桿作用

Empowerment 賦權與賦能

Why 找到為什麼去做的理由

Innovation 創新思考

Synergy 發揮綜效

圖形的上半部：L+S 是對外產出（outcome）的概念。

圖形的下半部：E+I 是對內自省洞察（insight）的概念。

圖形的中間：是思考的核心—— Why ——為何去做的理由與概念。

思考順序：先問問自己為何要做→對外找到槓桿點→對內賦權與賦能→利用創新思維→試圖產生綜效。

以下分別針對這五個英文字母的意義與實例，以及循環與順序的想法做說明。

5 以小搏大的槓桿策略
LEWIS 原則的 Leverage

以小搏大的槓桿策略，是弱小者的戰略兵法，積小勝為大勝，集小者成大者。

槓桿原理的公式：D1×F1 ＝ D2×F2，施力臂 × 施力＝抗力臂 × 抗力

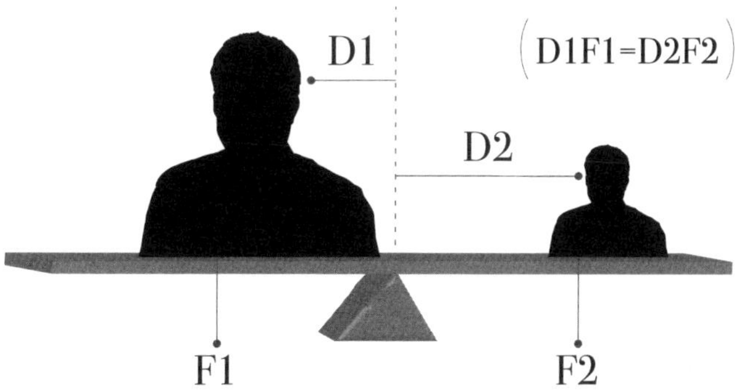

槓桿策略

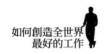

你可以將 D1×F1 想成自己，D2×F2 假想成環境與競爭，D 是距離，F 是施力或是抗力。在你的 F1 較小的情形之下，想要產生對抗環境或競爭的抗力，D1 就成為關鍵，這就是我說的以小搏大的原理。要能解釋這原理不難，真正理解並運用才難。我所認為的槓桿，在個人品牌的世界裡，可以分成幾個部分來思考，我稱它為「坐下來」SIT 的三大原則：

1. 認識自己的優勢（Strength）
2. 洞察紅利的趨勢（Insight）
3. 確認聚焦的目標（Target）

自己的優勢就像是 D（距離），距離越大就越省力；紅利的趨勢就像是 F（施力），洞察越多紅利的趨勢，就算力臂小，也能輕鬆不費力；聚焦目標就像是抗力（對方或是焦點），千萬不要太多焦點，或是太多槓桿在操作，一次只聚焦一個點。

認識自己的優勢（Strength）

很多朋友眼中的我，是一個外向爽朗的人，事實上只對了一半，其實人都有好幾個面向，很難一分為二。

從高中開始，因為在多次的活動表演中受到師長讚許，再加上同學回饋與自我剖析，我在大學時代就確認自己未來會靠嘴巴吃飯。那種確定感，甚至比我交女朋友的歷程要確定一百倍。

我知道我有很多弱點，包含外貌、運動、美術、文學、沒耐心、寫字醜、太直接……等，但是經營個人品牌或事業，絕不是比自己哪一點比較差，而是找出自己最大的優勢。

就拿說書來說吧。每當我自己看完一本書，做完筆記，整理出重點之後，就好像可以把這些經驗與看過的文字、內容和故事，直接輸入在我的大腦中。每當我需要時，就可以不假思索地在極短的時間內，用我的話輕易說出來。所說出來的內容不但有人味，還有畫面，並且故事、內容、理論兼具。你可能會說這是我的天賦，但我自有一套想法說明以上的現象。

語言表達這種東西，一旦經過長時間練習，學習成本會下降許多，從一開始的 AC_1 下降到 AC_2，中間還會出現學習曲線的效果（learning curve effect）。這類學理的應用，就好像不常寫作的人，一旦坐在書桌前，會感到沒有靈感。其實不是沒靈感，而是沒練過。

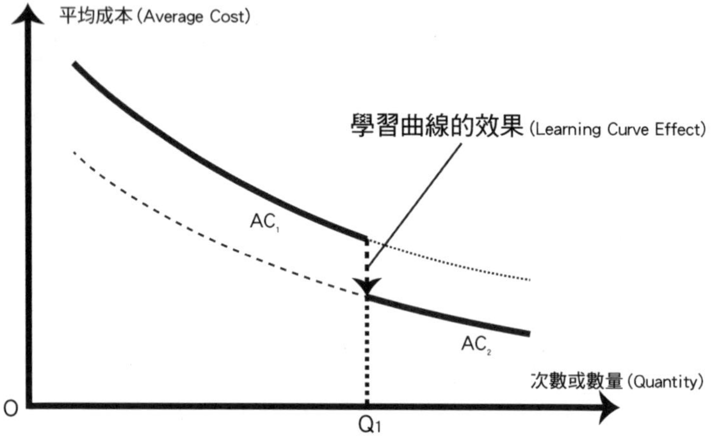

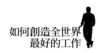

學習的平均成本，會因學習的數量增多而下降。

擅長寫作的人，對於文字早已駕輕就熟，給他三十分鐘，就能寫出一篇一千五百字的專欄。那不是靈感問題，而是一種可以自然產出的狀態。就好像我最近在學鋼琴時，老師教到「琶音」，我馬上說：「老師，這我一輩子都學不會啦！」

老師：「沒有練，哪知道學不會？」

「我可以把老師彈的琴音錄下來嗎？可以嗎？」

「錄吧，如果錄下來你就學得會的話，我就不會是老師了。憲哥，花點時間練吧，時間騙不了人的。」

所以啦，他教鋼琴，我教演講，我們在各自的領域輕輕鬆鬆就能做出大師的境界。但是，我們一開始都不是大師，而是越練越像大師，借力使力，往自己的優勢發展，才是以小搏大的開始。

大師都是經過大量練習，始終沒有放棄，最終產生無比成效的人。

「成功路上不多人，因為堅持者少」，正是這道理。

洞察紅利的趨勢（Insight）

中國大陸「混沌大學」李善友老師最常說：「增長有三種，紅利增長、管理增長、創新增長。」商業機會都是從能夠洞悉「紅利」的趨勢開始。

紅利增長就是「你先別人一步看到良機或是未來」，例如少子化是趨勢、減碳排放是趨勢、台灣人口老化是趨勢、國家刪減健保支出是趨勢、網路是趨勢、電商是趨勢、外食是趨勢、共享是趨勢⋯⋯。

當一般的大學老師，因為受到少子化的影響，許多大學開始退場，未來減班也勢在必行，而職場工作教育訓練被此趨勢影響會晚二十年，二〇〇六年當時我進入這個市場，就是這樣考量的。除此之外，我在網路專欄、企業教

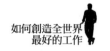

育訓練多角化經營、影音市場、高端個人公開班等，都有享受到先一步所帶來的紅利。

用創新的擴散理論（Diffusion of Innovation Theory）來說，對於創新服務或是商品有前期敏銳度的人，通常比例僅小於五％，不是每個人都能洞悉前期商業機會，大部分的人是後知後覺的。

因此，若能掌握未來趨勢，就能提早洞悉商業機會，賺到前期財，或是避開僧多粥少的地方。聽起來好簡單？怎麼可能？如果能輕易看出未來趨勢，應該就是世界趨勢專家等級的人物了。

我們要如何正確判斷未來趨勢呢？我認為沒有最好的方法，如果有，試錯的代價很高，通常也付不起，那我是怎麼做的呢？

就是我常說的：「人多的地方不要去，人少的地方我敢去。」

擔任講師前、擔任廣播主持人前、投入影音事業前，包含現在我要投入籌拍電影工作前，我都做了同樣一件事：去問我周遭比較接近的幾位朋友或是家人，問他們這件事是否可行。

很多朋友出於好意，會向我提出一些問題與建議，問題與建議越多，表示一般人對此越膽怯，而我投入的意願就越高。雖說如此，仍然要選擇較符合自己優勢的事，才值得去做。我就是這樣做判斷的，到目前為止，大多數都成功，只有餐廳失敗，電影還不知道，其餘的決定，我覺得成效很好。目前僅剩從政一事，大家都反對，我也遲遲不敢踏出第一步，因為風險實在太大。

《藍海策略》、《行動的力量》這兩本書許多人都在看，卻只有少數人敢試驗並且真正動手去做，但真正的機會往往都在這裡。

確認聚焦的目標（Target）

就是因為公司小，才需要聚焦，如果你有夠多資源，可以暫時先忽略這個主題。不過話說回來，大部分的人手上資源並不多。

尤其是經營個人品牌的小規模經濟，聚焦絕對是重要的，初期來說，「不做什麼，一定比去做什麼重要十倍」。

二〇〇六年至二〇〇九年，初任職業講師前三年半，因為想要活下來，加上搶攻市場占有率，並且要滿足管顧

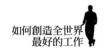

公司一年固定時數的要求，只要不是太離譜的課程，我都會願意試試看。那個時候最常安慰自己的一句話就是：管顧跟客戶都不怕，我有什麼好怕。

「人生準備四十％就衝了」，就是我那時心情的縮影。問題是，久而久之，我發現三個問題：

1. 上課賺錢好累（馬斯洛第一、第二類需求），成就感不高（第四、第五類需求）。
2. 講師費提升有限，生命更有限。
3. 研究所課程以及出書計畫開展。

因為這三個原因，我才慢慢開始聚焦。我不是一開始就懂這道理，尤其在 easy money（賺快錢）的狀態下，人是很容易被沖昏頭的。

因為我自己的察覺以及生命的學習，讓我被迫轉彎，我開始練習丟掉一些產業、丟掉一些課程，看看自己的能耐會不會更高。

事情正是如此，管理時間、管理精力，就像管理男人的衣櫥。衣櫥已經不大了，如果還不丟掉舊衣服，那就不能買新衣服，因為即使買了也沒地方放。我慢慢發現，當我開始拋棄某些主題的課程之後，反而引誘其他更高階的課程開發。讓一堂主力課程發酵，會比起上十堂非主力課程更省力，而且成效更高。

二〇一五年憲福育創成立後，福哥一直提醒我，千萬不要租場地或是買教室，因為固定成本一旦增多，我們會為了養那間教室，被迫開設一些不是我們專長的課程，或是毛利低的課程，那句話我一直記到現在。

不養教室，營業額就做不大啦？那就看你的目標是營業額還是毛利了。我個人還是追求現金流與毛利的奉行者，無所謂對錯，就是聚焦的點不同而已。

憲福育創也還是有做不好的地方。比如，我們在二〇一六至二〇一七年培養很多講師，希望以不簽約的方式跟他們長期合作。未料，他們畢竟不是憲福二人，雖然講師的形式多樣，但就算他們很優秀，授課能力也還是有落差。後來決定放手讓他們自由發展，他們也都尋找到各自的天空，在企業內訓領域發展得不錯。這令我很開心，至於一些小錯誤就修正吧，我不想讓所謂的子弟兵，變成我們的被動收入或是獲利來源，反而是大家當朋友比較好。

我們在二〇一五至二〇一九的五年間做得最好的地方就是：聚焦在高端教學、簡報、演講三大領域，其他曇花

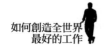

一現的課程，就當作是照亮夜空的火花吧！再強調一次，聚焦目標市場，無所謂對錯，無非是選擇與取捨而已。

本篇結束前，再跟大家複習一次，用前面那張槓桿原理的圖以及說明，以小搏大槓桿策略的三大法則 SIT：Strength 認識自身優勢、Insight 洞察紅利趨勢、Target 確認聚焦目標。

我教你記：「操作槓桿，坐下來（SIT）比較省力。」

6 超級簡報力課程成功關鍵

Leverage 的案例

與人合作的課程中，有時必須退一步思考，把隊友的問題，當作自己的問題，把自己的優點淡化，用更包容的心態接納不同想法。

我在企業教育訓練市場闖了大約八年後，當時說不上好，當然也不壞。每一年都有穩定的收入與市場，加上 repeat buy（回購）的企業用戶很多，老實說，我已經非常幸運了。但有個隱藏的問題，就是課程內容一直上，雖然與時俱進地更換案例與內容，不過因為大量教學，而且大客戶就是那幾個，上來上去，難免出現疲憊感，加上有三年的上課量一直很巨大，無力感與倦怠感幾度席捲而來。

之前剛認識王永福先生，那時我們還沒一起成立公司，大家總是相敬如賓。我知道他的教學實力，也很清楚他的為人，加上前幾年因為滴水穿石聯誼會的關係，馬可欣小姐與周震宇老師夫妻成了我們共同的好友，大家第一次有一起開課的念頭。

三足鼎立也能合作？

我不清楚由我、福哥、震宇三人合上的「超級簡報力」，對他們的意義是什麼？但我很清楚，這堂課對我而言就像是三人合開演唱會，或是武林比武般的刺激有趣。

有時候，創業的新機會，都是在一面聊天，一面喝茶的氣氛中談成的。不過當時我們亟需克服的問題是：憲哥、福哥、震宇三位老師一起上兩天的課，怎麼切割，如何合作？

可欣與震宇的澄意文創，可以克服我們沒有行政人員的困擾（當時還沒有憲福育創公司）。可想而知，行政、招生、後勤這類我們三位老師最不願意做的事，就讓可欣一肩扛下了。

我其實很羨慕這對夫妻檔，夫唱婦隨，一起創業，一起面對困難，一起享受成果，這是我心目中夫妻一起開創事業的成功典範。

但三位老師如何切割課程內容呢？福哥的專長是簡報，我自己雖然也能上簡報課程，但我決定把簡報切出來給福哥，專注於現場的演講與呈現。震宇的專長是聲音，因此凡是演講與簡報過程中與聲音表達有關的部分，都讓震宇擔綱。

福哥對於課程規劃非常有想法，我們大多以他的意見為主。震宇和可欣都是很好的傾聽者，我完全能感受到他們對於聲音教學的執著。我在其中就扮演穿針引線的協調者，以及火力支援的助攻角色。

我很清楚自己在三人合作的課程中，絕對不能太強勢。有時必須退一步思考，把隊友的問題，當作自己的問題，把自己的優點淡化，用更包容的心態接納大家的想法，這一點很重要。當然，凡是牽涉到我的專業與時段，他們也都對我很尊重（認識自身優勢）。

當時的企業教育訓練市場雖然很成熟，公開班卻相對是比較閉鎖的，除了幾個非常大型的公開班教學體系以外，當時的市場、價格、體制、講師都還相對比較亂。不過，亂也有亂的突破與經營方式，就看敢不敢切入這個市場。

多年後回頭看這個案子，或許我們當時就是洞察到了市場的機會（洞察紅利趨勢），不往低價切入，反而從三

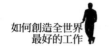

位老師合體的高價端切入，雖然冒險，相對也帶有不少機會。我們的目標設定在高端簡報需求者，用價格篩選對象。老實說，當時的我覺得非常冒險，不過在三人合作的勇氣與企圖心下，好像問題都不是問題了。

我們決定定價的方法是「翻牌法」，三個人手上都有一張便利貼，每個人寫上一個價格，數到三，一起翻過來。這樣做的好處是可以避免一言堂的決策模式，或者讓某一人主導價格訂定。

「秒殺」的真相是什麼？

第一梯，我們的訂價是每人兩萬八千元；第二梯則是每人三萬兩千元。以當時台灣市場的兩天簡報課程來說，絕對是高價中的高價。撇開醫生簡報課程一天六小時三萬元的極高訂價市場不看，我相信我們三人合體的價格，一定會嚇到不少人，令人倒退好幾步。

可是事實上，第一梯在開放報名的三分鐘內額滿，第二梯也在五分鐘內額滿，沒有在期限內繳費的報名者，立刻以候補學員遞補之。

現在想起來，真的夠誇張了，對於我們而言，所謂「秒殺」只有兩種可能，要不就是「價格太低」，要不就是「非理性的衝動決策」。

不知道這個課程基於以上哪一種原因被秒殺，但我們決定開兩梯就好，見好就收。這也是我常用的思考邏輯，當時我不知道一旦回到理性決策，結果會不會有所不同。但自從二〇一六年一月起，福哥於憲福育創成立後，單飛所開設的「專業簡報力」課程，兩天課程的定價也設定在每人三萬六千至三萬八千元之譜，目前已經開了十六梯，歷久不衰。

由此可以證明，只要是有剛性需求的課程（確認聚焦目標），就勇敢挑戰市場定價吧！當然，前提是你必須不斷證明自己有超強的實力。

本篇案例是以小搏大槓桿策略的三大法則的思維，以及應用 SIT：Strength 認識自身優勢、Insight 洞察紅利趨勢、Target 確認聚焦目標的成功案例。

我認為這個案子可以做得起來，實務上就是做到截長補短、團隊合作、確認目標與勇敢挑戰這四點。

在與王永福先生決定合組公司前，我們兩人特別當面向可欣與震宇說明，除了誠實告知這個決定外，並表達我

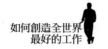

們合作「超級簡報力」時期的好感情不變，避免外界對於分道揚鑣做出不必要的揣測。我承諾「簡報」讓福哥單獨擔綱，我們不會用「超級簡報力」這五個字，我自己決定另闢戰場「說出影響力」，聚焦在演講呈現，這讓我們三人的合作過程，分外值得懷念。

7 賦權與賦能
LEWIS 原則的 Empowerment

重要能力不是看書學來的，而是在戰場上實際磨練出來的。

賦權（Empowerment）也譯為賦能，兩者意義並無太大不同，我想特別來談談這個管理學與組織行為上的專有名詞，如何應用在小型事業體系中，尤其在網路世代，能夠發揮極大的功效。

就是因為公司小，你會有很多機會與外部合作，如果想要合作，卻又處處防著對方，不信任彼此，是很難合作下去的。此時賦權與賦能的核心思維：授予他方權力與能力，讓你們在同一條船上，這點就顯得格外重要了。

我擁有一個小公司，所有的商業行為，都必須透過合作而產生，無論是外包、承攬或是代工，都要與另一個外部事業體合作。久了以後我就發現，小公司若非擁有對方所要的產品、知識或是服務，否則人家是不會搭理你的。

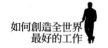

我能有這種敏銳觀察，絕對要拜我前面的三個業務工作之賜。雖然我待的是房仲龍頭、優質金融新銀行與儀器科技產業龍頭，但第一線的業務與管理工作做久了，業務與團隊敏感度真的會變很強。

把握 TMDS 原則，永遠有人相挺

首先，無論哪一個業務工作都會遇到一種狀況，那就是無論你的能力多強，內部顧客（企業裡的任何一個雇員）如果不挺你，你還是無法做大。舉個例子來說，房仲業務或是店長，需要公司代書、其他同事、友店同事、開發方或是銷售方經紀人幫忙。

金融新銀行的 MMA（Money Management Account）專案行銷裏理，需要同組其他 AO（Account Officer）專員，以及核貸撥款的跨單位合作，最重要的是要與核貸委員關係良好。

儀器科技產業的維修服務業務部門專案經理，除了與 K/A（Key Account，大客戶）關係要好，還需要內部的維修中心、校正中心、主管、硬體單位業務與主管，以及遠在澳洲的老闆相挺。最重要的是內部合作的 Partner：IFE

（Inside Field Engineer），要能十分有默契地應對所有狀況。我想，這些能力絕對不是看書學來的，都是在戰場上實際磨練出來的。

以上這些關係，都不只是拍馬屁、請喝飲料、請吃飯這樣簡單的事而已，而是一門藝術，我稱這門藝術為Empowerment（賦權與賦能）。我的業績可能不是最好，單位可能不是最大，但在房仲業與儀器業任職時，我都分別拿下「信義君子」與「全球總裁獎」的最高榮譽，或許我運氣好，但我絕對有值得與大家分享的事情。我稱之為TMDS 原則（方便記憶，不要想歪）：

1. 你的事，就是我的事（Team Work and Trust）
2. 運用並管理資源（Manage Resources）
3. 讓夥伴參與決策（Decision Making）
4. 分擔責任與共享領導（Share Responsibility and Leadership）

首先，在與外部單位合作時，我的角色不是主管，也不適宜扮演主管，最好就是一個專業者，而非專家，接近協同者或是引導者的角色，比較像是專案負責人，或是專案經理的位置，一起引導大家把目標達成。我認為，自己

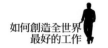

就像是一個沒有抬頭與職銜，但在工作實務上能夠發揮領導力的帶頭大哥。

這類角色比較像是 collaborator（合作者），或是 facilitator（促進引導者）的定位，而不一定是主管的位置。因此，人人都可以，或者說只要你願意，並且團隊有需要，你就可以扮演這類角色，沒有誰大誰小，誰高誰低。

其次，談談我對上面四個原則的想法：

T 你的事，就是我的事（Team Work and Trust）

前提不是要你多管閒事，或者一直插手別人家的事，而是要你去仔細觀察，在合作過程中，有什麼事是對團隊而言很重要，別人很怕或不太想去做，但對你而言卻是輕而易舉、易如反掌的。

只要在互信基礎穩固的情形下，我通常會把這些事情攬在身上做，但並不是輕易或是隨便答應，而是盡可能「答應得很痛苦，卻做得很爽快」。如此幾次下來，合作方會覺得和你是同一艘船上的人。反過來，等到你需要幫忙的時候，他們才會義不容辭、兩肋插刀出手相助。

有一年，我在盟亞的超級經紀人趙良安小姐遇到一個緊急狀況，有一堂課的老師根本忘了那天有課，臨時到不了。她在上午八點三十五分打電話給我，希望我即刻救援。我當時馬上把所有私事推掉，換好衣服，請司機送我從中壢到台北某金控公司代打這堂課。當時電話那頭的她用幾乎要跪下來的口氣懇求我，我在電話這頭只淡淡地回答：「妳的事就是我的事，還好這堂課我會上。」讓她馬上破涕為笑。我想，我們之間的信任感與我對她的賦能，以及我們後續的合作順暢，這個案例或多或少有著關鍵的影響。

M 運用並管理資源（Manage Resources）

我一直覺得領導能力是天賦，而有效的管理能力則是可以透過學習來培養的。「運用並管理好資源」，正是屬於可以學習的範疇。

這裡所謂的資源包含金錢、人力、時間、談判籌碼與優劣勢分析等。舉個例子來說，我在管顧眼中，除了是一個大哥、好朋友、彈無虛發的將軍以外，白話來說，我是棵搖錢樹。

我很清楚，我的時間對他們來說相當重要。初期在跟

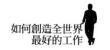

盟亞合作的前七年，我會主動把我的行事曆，利用每週一次的信件，讓全公司的人看見。這裡的全公司包含台北、新竹、廈門、上海等地的同事，我想要告訴他們我力挺盟亞同事的決心。當然，這封信件也同時表示，如果時間衝突，請對方自己內部去喬，不要讓我傷腦筋。

這樣的方式，好處很多，讓我在前七年得到大量的課程與信任感，缺點則是讓我自己進入一種無以復加的漩渦、無底洞當中。有一段時間，我一方面感到痛苦不堪，另一方面卻也不用為課程時數太少而擔心，降低了在家等待時間太長的困擾，有利也有弊。

正是因為上述理由，我才會說出：「老師的時數就像生魚片，過期沒吃，就沒用；放久了，就不能吃了，但天天吃生魚片，真的會吐。」

D 讓夥伴參與決策（Decision Making）

正是因為公司不大，所以才會每個人都重要。我與福哥的特別助理黃鈺淨（Ariel）就是我們最重要的工作夥伴。

她剛來的時候，的確彌補了我們的許多缺口，尤其我們兩個都不擅長行政與細節工作，她正好補足這一塊，但久了以後我們也發現，天天做開課行政工作，會令她失去成長契機。於是，後期我們除了增加她的決策頻率與機會外，也給她更高的頭銜，使她對外時能有更好的處理位階。

初期，我必須天天守在臉書通訊軟體旁，怕她若有問題要問我們而找不到人，會耽誤了她的時間。因此，我除了上課外，就被綁在電腦前面。後來，我開始訓練她自己做決定的能力，就算是做錯了也沒有關係，除了福哥會適時補位外，我們也可以接受決策錯誤的失敗成本。一段時間後，Ariel 明顯成長，我便有更多餘裕去做我真正想做的事，在這方面，我尤其覺得她近一年進步很多。

S 分擔責任與共享領導（Share Responsibility and Leadership）

憲福育創是一個極簡單的組織，我們只有五個人，大多時期只有四位同事，每一年卻能創造極高的淨利。我們沒有承租教室、不多聘請員工，一個看似發展不大的公司，靠著憲福二人，以及極強的後勤團隊，創造很高的效益。當然，我必須強調，這不應是常態或最佳狀態，而是我們共同選擇的經營方式。

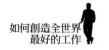

原因很簡單，我跟福哥都有自己的企業內訓市場，而憲福育創剛好可以強化我們擅長的這一塊（訓練），又能提供自身公司無法提供的服務（公開班），這一點我會在綜效（Synergy）單元中做出說明。

至於淨利有多少？其實只要把客單價乘上每個班級的人數，再抓個毛利率七十％至八十％便能得知，我們看似營業額不大，但淨利率卻很高。我們靠的其實是 Tracy（淑蓮）的專業後勤、Ariel（鈺淨）的日常行政、我跟福哥的分擔責任與共享領導。我跟福哥看似都是創辦人之一，但我們所負責的事務並不相同。

名義上雖然我是公司負責人，但大事都是福哥決定，我負責日常事務以及財務管理。只要公司有重大決策，我都會到台中，或者他來桃園，我會聽聽他的意見，畢竟我們在做重大決定前，都會讓對方參與並交換意見。記憶中，他好幾次點醒我的一些盲點，這一點我很謝謝他。

尤其是產品定價策略，我時常會有認知失調的缺點。比方說，我們檯面上辯論的是「投影片到底重不重要？」檯面下最常辯論的卻是「三千的課賣一百位，跟三萬的課賣十位，哪個難？哪個簡單？」這個問題就可以讓我們討論許久，但我可以說，一家公司有兩個老闆，往壞處想，是雙頭馬車，往好處想，是分擔責任與共享領導，而我們屬於後者。

下一篇章，我會舉一個完整的案例，告訴你賦權與賦能的實際成功案例，以及當時我的實務操作方法。

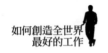

8 與專欄編輯、廣播企製的合作與分工

Empowerment 的案例

人最可怕的是不知道自己要什麼，最可惜的地方是知道自己要什麼，卻沒有勇氣走向它。

我在二〇〇八年兩度與出版書籍擦身而過，雖然最後我都用「沒關係，再看看」來安慰自己，事實上，當時我如果成功出書，應該早就死在市場上了。

兩年後，遇見何飛鵬執行長、黃淑貞總經理、楊秀真總編與編輯林潔欣小姐。他們幫助我走向出書的道路，更透過春光出版社李振東先生以及許多行銷與版權團隊的幫忙，讓我有機會一口氣寫了五本書。

二〇一七年轉到商周出版後，更謝謝程鳳儀總編的大力支持，讓我有機會與王永福先生、長子謝易霖，一圓雙人寫書的夢想。這感覺真不錯，一個人只要寫一半，一本書就完成了。

回想十多年前，就因為一個單純的念頭，讓我想要在口說能力以外，再開闢出一條路來。寫作是我當時的規劃，但讓我從作者成為知名作者，專欄寫作絕對是關鍵。在此謝謝春光出版將我引薦給商業周刊數位媒體部門，「職場憲上學」專欄正是我在《商業周刊》的代表作。

我是一個可以多工的人，最高紀錄可以同時在《商業周刊》、《遠見天下》、《蘋果日報》等三個媒體寫專欄。而我的專欄寫作除了技巧以外，靠的就是編輯和我的幾項數位能力與合作分工技巧。

媒體專欄成功方程式

我將這些合作的成功歸納成以下五個祕訣：

將編輯當作夥伴，成功共享、有錯我扛：在《商業周刊》寫作專欄時，編輯洪慧如小姐居功厥偉。在寫作專欄初期，她不僅協助我訂定許多議題與方向，我也常會聆聽她的意見，請教她寫作祕訣，並且以「一起成功」做為專欄目標。

編輯最怕缺稿，我就讓對方不缺稿：我跟《商業周刊》專欄合作七年，慧如負責前面最重要的五年。我絕不讓專

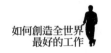

欄開天窗，每週都維持有兩到三篇備稿，讓她有餘裕調度。這一點我很自豪，光是這點，一般作者就很難做到。

聽從編輯的意見下標題：編輯會下聳動標，這一點可以理解，不過有時標題真的聳動到連我看了都嚇一跳，但最後，我會尊重編輯的意見。雖然最後正反評價都有，但事實證明，給一般職場工作者看的專欄，尤其在網路世界，標題絕對是決勝關鍵。

編輯異動後的無縫接軌：我與接手慧如工作的歐陽約出來見面聊，並仔細聆聽她給予我的建議。此外，我還把歐陽當作自己的同事對待，讓她能順利接手後續編務，使她不致捉襟見肘。事實證明，她接手後的編輯與瀏覽成效，仍然繼續維持在高檔。

用數字管理、分析所有文章成效：我會詳細記錄每一篇專欄的瀏覽數、按讚數、分享數，哪一篇被TVBS引用，進而上了「二一〇〇全民開講」現場節目，哪一篇又被其他平台引用，擴大瀏覽率。我著實就是一個用數字（科學）來管理專欄（藝術）的代表。後來，我將這些方法用在「寫出影響力」的課程中，用來教授專欄寫作技巧。這些數字對於我的寫作技巧，以及讀者喜好分析，有很大的幫助。

當然，《遠見天下》文化華人精英論壇的兩位編輯——惠雯與君青，也都幫了我大忙。雖然我在《遠見天下》華人精英論壇的文章僅有五十篇，但是篇篇瀏覽人數都破萬人，最高的一篇甚至有一百五十萬人次瀏覽。《遠見天下》與《商業周刊》的閱讀族群明顯不同，透過簡單的標題、樸實的文字與案例，一樣能打動目標讀者。

至於《蘋果日報》，因為合作期間僅有一年半，我並沒有找出成功方程式。畢竟紙本與數位同時刊載，閱讀族群不同，經營方式也有所不同，我將這個合作當做一個嘗試。倒是我爸很開心，常常打電話跟我說：「文憲，你又上蘋果日報了。」

過去八年，有很多媒體平台找我寫專欄，有些合作，有些婉拒，我的結論只有兩個：

1. 選擇平台，就是選擇同事，無所謂好壞。給自己一點時間去適應不同平台的作業方式，不要太早下定論。至少觀察一年時間，沒合作超過一年以上，千萬不要隨意評論他人。
2. 不問合作者可以給你什麼，而是問自己可以給他們什麼。

廣播合作背後的關鍵人物

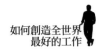

我與 ic 之音合作過一年，與環宇電台合作五年，中廣新傳媒學院（孜孜線上聽）合作兩年，合作訣竅與專欄幾乎相同。我整理出以下三個與關鍵人物合作的訣竅，供大家參考：

ic 之音樂倫姊：對於樂倫姊主持的週一「憲上講堂」現場節目，我純粹是義氣相挺，重點在於我們下了節目之後的午餐閒聊，往往是我吸收最多的時候。記得在我沒有任何出版合約，也是擔任盟亞專任講師的最後一年，當時，大陸課程方興未艾，我也還沒進入研究所就讀，加上金融風暴餘威未消，我的時間很多。每隔週一跟樂倫一起主持節目，和當日中午的兩人飯局，往往變成我紓解授課壓力的最佳管道，謝謝樂倫姊給我機會代班一年。

環宇電台 Bird 游昌頻先生：他的辦公室在新竹，來賓幾乎都在台北，我也喜歡在台北錄音。在遠距合作的情形下，我既要考量他的方便性以及來賓集中錄音的效率，又要考量我的體能與時間安排，更要顧及存檔與節目品質。雖然如此，在合作期間，我從來沒有讓 Bird 擔心過。他的專業，彌補了我時間忙碌的缺口，他總是細心地幫我製作每一集節目。在兩百五十四集節目中，只發生過一次播錯節目的意外。對於這件事，他很自責，我則安慰他：「你的事就是我的事，無須介意，想一下解決方法就好，沒事的。」我們的合作持續了五年，每週我都會維持三至七集的存檔，就算臨時出國玩一個月，節目都不會停擺。跟一位個性與我完全互補的企製合作，很讓人放心。

新傳媒學院陳嘉敏小姐與凌嘉陽先生：中廣企製嘉敏的個性跟環宇的昌頻很像，我很幸運，都遇到很棒的人。她很細心、貼心，很照顧我的需求，加上嘉陽哥時常跟我聊一些行銷規劃，讓我在中廣的兩年，很有家的感覺。有一段時間，我常常到中廣十二樓錄影，當時覺得如果線上線下節目都讓中廣統包該有多好。他們讓我的節目不僅在中廣播出，也能上 News 98、飛碟電台，對於音頻訂閱的新嘗試，我也有了更深的體會。嘉陽哥常問我：「音頻的分潤比例會不會太低？」我覺得，人家願意給我機會就是賺到了，總要先將節目做好再來談分潤比例，否則那些數字都是假的，只有人的溫暖是真的。

以上是我在專欄與廣播節目上與人、事、物合作、分

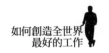

工的訣竅。如果你問我：「如果合作這麼愉快，為何不繼續做？」

人的夢想與慾望無限，時間卻有限，所以在哪個階段要做什麼事，一定要分清楚，也避免跟年輕人搶奪地盤與市場。現階段我認為自己應該挑戰更大的舞台與機會，不要眷戀過去的光芒，謝謝跟我合作的天使們，是你們，成就了「我們」。

以上案例都可以用我對賦權賦能的四個原則來詮釋：

1. 你的事，就是我的事（Team Work and Trust）。
2. 運用並管理資源（Manage Resources）
3. 讓夥伴參與決策（Decision Making）
4. 分擔責任與共享領導（Share Responsibility and Leadership）

9 找到為什麼去做的理由
LEWIS 原則的 Why

「誤上賊船，就做個快樂海盜」，但如果連自己為什麼誤上賊船都不知道，我保證你永遠快樂不起來。

「黃金圈理論」影響我很大。

在我接觸黃金圈理論之前，我做事的理由只有兩個：第一為錢；第二想把時間填滿。

賽門・西奈克（Simon Sinek）的「黃金圈理論」提到：「找到你的為什麼，大聲說出你的願景，才有可能付諸行動，要是埋藏在心裡，永遠只會是憑空想像。」

從 What 到 Why

我承認，在下頁圖中，最外圈的「What」是我最在行的。我永遠知道自己可以做什麼，不能做什麼；也很清楚做事的方法與達成目標的手段與途徑，卻鮮少靜下心來想想：我為什麼要做這件事或那件事？為了生理與安全的金錢需求？獲得尊敬與歸屬感的社會需求？還是自我實現的崇高目標？其實我真的很少思考以上問題，以至於犯了一個創業者最容易犯的錯誤，那就是「只為錢工作」以及「每天不知道在忙什麼」，尤其是在我三十九至四十歲成為專業講師處於前期開發階段的那三年。

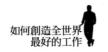

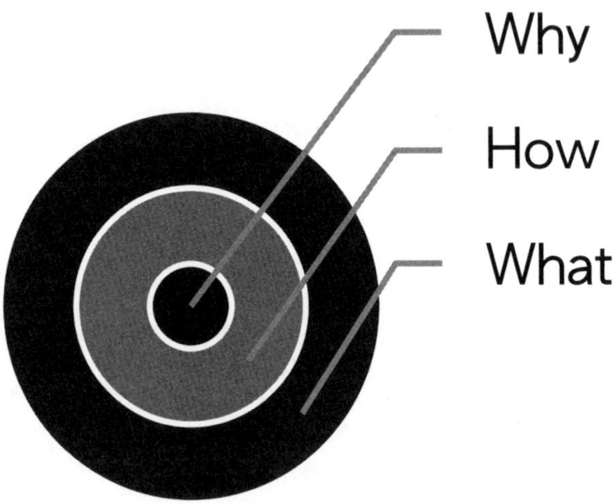

當然這是一個與時俱進的問題，也沒有標準答案。我一直到十年前才深刻意識到這個問題，但始終無解，直到認識福哥，他給了我很多觀念上的衝擊，也帶來啟發。我承認，他的建議都很中肯，但我不會照單全收，有些我聽進去，有些我會根據自己的判斷標準予以保留。如果缺少自己的判斷標準，很容易變成「福云亦云」。

我的判斷準則到底是什麼呢？

答案很簡單，就是「充分認知，我們每個人都是不一樣的」。所以，對於朋友或合作夥伴的建議，如果先決條件是只有擁有對方的DNA才能做到的，我就會由衷祝福並欣賞。「簡報改到最後一刻」、「逼死自己，為求卓越」、「過度追求完美」……，這些其實都無所謂好壞，就像他人可能也無法理解，為何我要去拍電影？為何我要身兼好幾職？為何去寫專欄、做廣播這類投報率不高的東西等等。

一樣，沒有對錯，但自己要很清楚，千萬別隨波逐流就好。許多的諄諄提醒，當作好朋友愛的宣言，不用勉強自己去迎合對方，「個性不一樣，目標一致就好。」

尋找理由，也要有方法

至於我是如何逐漸找到「黃金圈理論」核心問題——Why——為什麼的答案，我認為我在日常的工作中經常運用到以下三個很實用的方法：

1. 蒐集並分享自己的故事：這也是「說出影響力」課

程第一天所教授的內容。

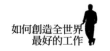

有不少學員會覺得只要跟憲哥學習，繳交高額學費，人人都能說出影響力，其實未必。

若能成功達到這個目標，我認為其中的關鍵就在於，課程中我都會與學員一對一對談，並讓他們繳交一份錄音檔，說說自己的故事，然後我再給予回饋，力圖透過這個過程，協助學員找到人生故事，以及為何想要說出該故事的背後真正原因。

2. **確認目標與方向是否一致**：會不會前後矛盾？課程中有輔導員可以幫大家辨認，用第三人視角給大家建議。

有些同學說的故事是一個版本，想要達到的目的與效果又是另一個方向，自己很容易產生盲點，我與課程輔導員都是從第三者的視角提供協助以及調整的建議。

3. **去蕪存菁，說（寫）出來**：這是「說出影響力」課程第二天成果發表現場的樣貌。

最後，將學員原本落落長的人生故事，經過刪減、收斂，加上一點點技巧，在七至十分鐘之內將故事說出來，透過課堂所教的引導模式，將故事、例子、親身經歷做出最大的發揮，不說道理，其實就能說出影響力。（更多細節，可參考憲哥在二〇一五年底再版的《說出影響力》一書。）

在他人的故事中，看到自己

自「說出影響力」開班後，我在課程中指導學員找尋他們的「為什麼」，同時也慢慢發現了自己的「為什麼」。其中有一個經驗讓我印象深刻的，學員表示缺乏自信，經過我探詢後才赫然發現，活到三、四十歲的她，原來是被一個在小五發生的小故事所留下的陰影給困住，我的任務就是引導她說出來，將這段過去解鎖，從陰影中得到解脫。對我而言，這是一個利人利己的啟發。孔子說：「五十而知天命。」說穿了就是自我發掘，找尋自己為什麼而活的一個旅程。過程中有人快一點，有人慢一點，但不能不知道自己為何來到這世界。

我也在此公開我的兩個「為什麼」：

1. 幫助他人找尋值得一說的生命故事。我相信，在這個過程中，每個人都有機會探索生命的意義，找到

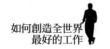

為何而活的理由。這是一生的功課，很多人終其一生都未必能做到。如果這裡有成功的可能性，為何不讓我們一起來試試呢？

2. 建立一個以憲哥為主的跨領域平台，讓更多人因為演講、課程、專欄、廣播、影音、出版品與平台之間的連結而受惠，無論在工作或生活中都能有清楚的願景，並產生行動力。

我非常相信，一場活動（或演講、課程）可以產生無遠弗屆的影響力，這要歸功於參與其中的你我他。

10 跨領域平台的建立
Why 的案例

在公司，把事情做對，是員工的責任；做對的事，是主管的責任；布建對的結構，是老闆的責任。

我自己很喜歡棒球運動，尤其愛《魔球》（*Money ball*）這部電影中的最後一幕，就算再看五次，還是每次都會落淚。

耶魯大學經濟系畢業的胖子分析師彼德·布蘭特（Peter Brand，喬納·希爾飾）在比利·比恩（Billy Beane，布萊德·彼特飾）所經營的 MLB 奧克蘭運動家隊於二〇〇二年輸掉美聯分區季後賽第一輪後，某次兩人獨處時，布蘭特請比恩看一段影片。影片的主角是一位胖子打者，當胖子轟出外野飛球後，以其胖胖的身軀拚命往一壘衝刺。速度並不快的他，在通過一壘，正要往二壘奔跑時，竟然滑倒。他驚覺會遭旁人恥笑，便馬上站起來繼續跑。此時，對手方的一壘手竟然將他扶起，告訴他：「It's home run.」（這是全壘打），他才慢慢繞壘跑回本壘。路程中，對手方的野手都跟他擊掌，好似祝賀他這支得來不易的全壘打——連他自己都不相信那是他擊出的全壘打。尤其他不但不用擔心被嘲笑滑倒，還可以慢慢跑壘，一點都不必擔心會出局。

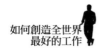

最後，布蘭特望了比恩一眼，兩人的默契盡在不言中。我每次看到這一段，都會沒來由地掉下眼淚。其實布蘭特的目的在於暗示比恩，「你已經做到了，雖然球隊輸了，也不減損你的決策與領導能力。」我相信讀者若曾體驗過這種朋友之間的美好默契，一定能理解其中奧妙。有些時刻的「無聲勝有聲」、「一切盡在不言中」更讓人回味，「君子之交淡如水」令人嚮往。

小企業聰明冒險的策略

我自己從最左邊的傳統地面戰發跡（如圖），一心想打造屬於自己的平台。但我深知自己的個性，無法忍受與比我慢、比我笨、比我差，或是無法互補的工作者一起工作。這個缺點，讓我無法追求大而廣的事業目標，只能追求小而精，這種「小企業聰明冒險的策略」，讓我一路過關斬將，並且找到一條廣而精的路線。

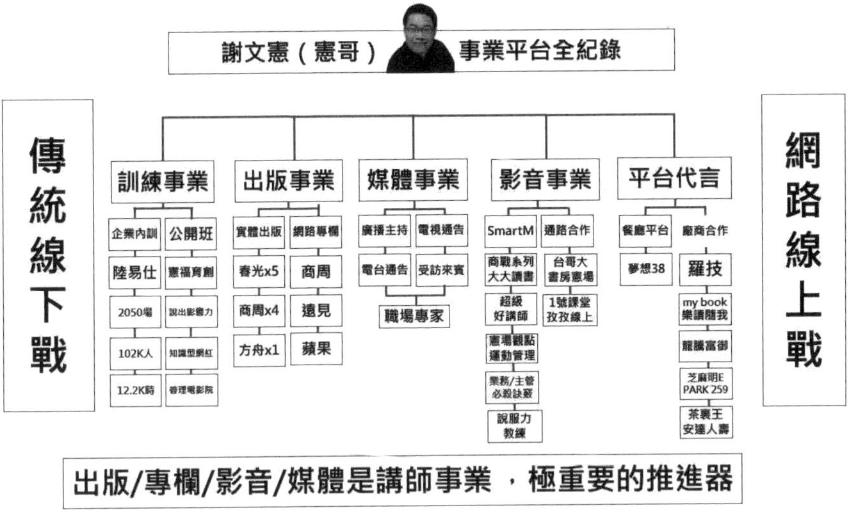

關鍵是，在發展過程中，擅長地面作戰的我，在網路、影音、媒體領域，以出版與專欄當作推進器，改打空戰、海戰。當然，我很清楚自己做得不夠好，不過，當憲福育創在第二年擺脫了傳統管顧的仰賴與束縛，接著透過影音事業創下我個人收入排行榜的第二高峰時，我很清楚：我做到了！結合傳統陸軍的實體課，以及出版與媒體等海軍作戰形式，再加上以網路為媒介的空軍部隊，陣容雖然不大，但完整的三軍雛型已然建立。至此，線下 off line（實體）結合線上 on line（網路）的個人 O2O 市場架構，全面成形。

這個事業模式幾乎完全吻合了我心中所期待的樣貌。對我而言，這就如同比恩雖然沒有達成原先所設定的拿下世界大賽冠軍的目標，而今天，世人也可能早已忘記二〇〇二年的世界大賽冠軍是誰，卻不會忘記奧克蘭運動家隊的「數據棒球」，也就是比恩利用棒球統計學的數據做為決策依據，帶領運動家隊以少許經費立足於美國職棒大聯盟，藉此所展現的神奇經營術與魔球哲學。

也如同影片中的胖子已經轟出全壘打卻不自知，還要在旁人提醒之下，才知道自己可以享受勝利的果實，而不用只是拚命跑壘。至於過程中的跌倒或滑倒，或許會成為大家茶餘飯後的花絮，但絕不會是主題。真正的主題是「認真的選手擊出全壘打」，滑倒僅是「認真選手的外顯印象」罷了。

二〇一八年底，我在「打造超級 IP」演講中拿出這張圖，我驕傲地站在台上，很興奮，卻不敢鬆懈。我的目標雖已達成，但環境持續在變，做法也必須隨著而變，不變的是永遠要清楚掌握：「自己到底為何而戰？」

二〇二〇年的今日，憲上數位科技解散，改由「大大學院」這個品牌接手；夢想三十八餐廳結束營業；電視通告、廣播通告、商業代言等機會的決定權都不在我手上。我未來五年的發展策略就是「線下結合線上，擴大影音市場，站穩說書市場第一，從左邊的金流導向右邊的人流，再從右邊的人流，導回左邊的金流」。如此才能擴大或維持憲哥這個品牌未來十年的經營。最後再以棒球為主題的商業電影，做為事業的美好終局，這是我目前為自己想好的人生劇本，前提是身體要顧好。

或許有讀者會問：「跨領域平台能讓誰受惠呢？要如何產生這個效果？」我覺得對象首先就是憲福的學員。舉個例子來說，之前我與福哥合著的新書出版時，林明樟老師剛好也出書，於是我們三人決定共同舉辦一場新書發表會，我們選了八位演講與簡報的學員，上台陳述自己因為學習演講或簡報之後，在工作上得到的助益。當天共有近四百位付費觀眾進場，不但成功打響講者的知名度，還能讓自己的公司品牌有曝光機會，當然，身為指導老師的我們也與有榮焉。

而我與福哥的特助黃鈺淨，也藉此多了許多跨平台的學習機會。

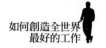

還值得一提的是，我曾邀請六位「說出影響力」的優秀學員，與我一起主持廣播電台的節目，或給她們代班學習的機會；我也協助過四位醫護背景的學員，成功轉戰影音平台參與錄製說書節目，這些都是其中典型的案例。

希望我的「小企業聰明冒險的策略」，可以給大家一點點成功與失敗的借鏡，這樣我的努力就值得了。

11 創新思維
LEWIS 原則的 Innovation

完美不可得，我到底可以做出什麼不一樣的東西，而不用在乎別人為何在某個方面比我更好。

本篇主題是創新思維，不過這個範圍的確很廣，我將聚焦在職涯發展的創新思維上，跟大家多聊聊。

很多人都聽我講過「人多的地方不要去」這句話。事實上這個觀念，正是我這十年來，在碰到很多決策關卡及人生重大抉擇時的指南針。這句話的意思其實很簡單，就是不要跟風，不要人云亦云。它甚至成為我每次在臉書貼文前的重要準則。

比方說，當我看到許多人發文寫下 R.I.P.、分享某文，或談論某個議題，尤其是政治事件或是名人話題、新冠肺炎的大規模流行病、公共安全、軍事、教育，或如地震的自然災害等重大事件。因為在相關議題上，我自己不見得寫得比其他人好，再加上我不是這些領域的專家，即使跟

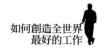

著一起發文，也只是幾千則類似發文中的某一則而已。每次遇到這種情況，我就會停下來，讀讀別人都寫些什麼，從中找到精彩的論點，當作自己的養分，頂多在課堂上或與人見面時做為分享，或開啟話題時的開場白。

追求「更好」vs. 追求「不同」

也許是天生反骨的性格吧？我不喜歡跟別人做一樣的事。通常我在判斷某件事能不能做時，會遵循以下五個準則：

1. 當很多人說某件事不能做時，我會考慮試試看。
2. 當我發現大家都在做時，我一定會打消去做的念頭。
3. 我會評估自己是否具有該領域的專業，若有，我會考慮；若沒有，肯定不會去做，才能盡可能降低出錯的比例。
4. 在決定做與不做之前，我還會評估做這件事的最大好處，以及不去做的最大壞處。
5. 在高點時退出，從講師、影音事業，到出書等，我都是這樣思考的。

我並不是創新議題與想法的專家，但我受到創新大師克里斯汀生（Clayton M. Christensen）與他的著作影響很深。也因為好友周碩倫老師對他的推崇，讓我持續關注克里斯汀生與創新這個議題。就在寫作本書期間，克里斯汀生在美國辭世，寫下這篇文章同時紀念緬懷一代創新大師。

透過對岸「混沌大學」二〇一九商學院音頻課程李善友老師的詮釋，我對克里斯汀生有更深的理解。李善友先生用淺白的語言與接地氣的表達方式，幫助我更了解克里斯汀生的想法。

兩位老師都說：「與其更好，不如不同。」這句話就很打中我，如果讓福哥來詮釋，他也許會說：「與其不同，不如更好。」我相信，每個人都可以有不同的體會，這本身並無好壞，而閱讀書籍、聆聽演講最大的好處就是，可以透過演講或與書籍接觸的剎那、瞬間，因為一個點或是一句話，引發共鳴，讓自己對於原本腦海中隱約出現但尚無法具體表達的想法，突然有股茅塞頓開之感，進而笑顏逐開，面對講者或是書籍癡癡發笑。

兩位老師的「與其更好，不如不同」，這句話曾讓我

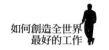

思考，我是獨一無二的謝文憲，我和他人到底有何不同？我為何與眾不同？我最大的優勢在哪裡？同時，這句話也讓我「不去想我失去（沒有）什麼，而是想我到底擁有什麼」。好朋友王永福、葉丙成、林明樟、周碩倫、許景泰先生，他們身上也都有獨一無二的特質，這讓我在做很多決定的時候，不斷告訴自己：「完美不可得，我到底可以做出什麼不一樣的東西，而不用在乎別人為何在某個方面比我更好。」這個思辨，讓花了我很長時間在其中掙扎，也幫助我走到今天。

從遊戲中學習「打破框架」

我在企業進行教育訓練時，經常會帶一個團隊遊戲：「五顏六色 PK 賽」。它是一個透過團隊合作的執行力，並整合創新思維的遊戲。遊戲進行的過程中，絕大多數的學員都會被固定的框架（由封箱膠帶所圍出五公尺寬的正方形）給限制住，而不敢或根本不知道要去突破框架，事實上，只要大膽走進框內，用投資思維，就能降低主要問題所帶來的困擾。

每一次面對人生或是事業抉擇時，我都會不斷問自己，有沒有受到框架的限制，如果有，它是什麼？如何降低框架對我的影響？我能跳脫框架思考嗎？如果要讓框架消除，或麻煩變少，我可以試試看花一筆錢做點投資嗎？代價高嗎？所付出的代價是我可以接受的嗎？就這樣，我一步一步成為今天的我，這是我一路走來的「憲式邏輯」。

創新是很廣很深的主題。在我的專業領域中，「與其更好，不如不同」，引導我去面對核心問題，「我與其他講師有何不同？」「如何能夠創造差異化？」「這些差異化與不同，是否能夠產生價值？」而突破框架就是不斷逼自己去思考：「是否有其他的獲利模式，而非單一獲利來源，否則我將不是餓死，就是累死。」

12 職涯跑道的轉換
Innovation 的案例

值得投入的創新，就是好創意（點子），並且能夠帶來利益。

「不是每位員工都適合引導創新思維」，至少我是這麼認為的，但高階主管或是創業者，一定要提升理解創新的思維與思辨，至少要接觸。

我常說以下這五個階層的思維要有不同：

新人階段：少不多問，學成長。

基層主管：少說多聽，講重點。

中階主管：少我多你，學雅量。

高階主管：少舊多新，學創新。

創業老闆：少會多學，學低調。

我不斷回想過去職場二十九年的點滴，是不是每一個都吻合，哪些做得好，哪些做不好，尤其第四、五個，這幾年特別有感觸。

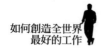

掌控轉職的風險

當年逢甲大學企管系畢業後，透過學長介紹，進到台達電子桃園廠負責人力資源的工作。一年後，知道自己個性不適合擔任幕僚，經由老闆同意，轉調同廠區需對外的採購工作。

一年後，也是長官與前輩引薦，進入同業中強電子中壢廠，擔任行政主任的主管職，一年三個月後，來到信義房屋上班，這其實是我職涯中的一大轉折，具有高度風險。

如果光看前三項工作選擇，人資轉採購，風險介於低至中等，同廠區，工作性質不同，但挑戰仍大，學習不少。採購轉到人資基層主管，風險我認為也是低、中等，儘管明知自己不適合幕僚工作，但被基層主管的職位與頭銜吸引，錯走回頭路，這是我職業轉換的第一個挫敗。

有別於之前都是長官或學長介紹，接下來是我真正投遞履歷表，也雀屏中選的經歷。老實說，早期我曾應徵幾個不同的工作與職務，包括六福村人資主管、大溪迪吉多電腦的採購、中華職棒 TVIS 轉播單位的職棒播報員，但最後都鎩羽而歸，這些我從來沒有在公開場合，或是書中提起過。

我經常回想，並問自己：「以上工作中，哪個屬性比較特殊？哪個最有可能發揮我的潛質？從事哪個工作，我的人生會截然不同？而哪個工作沒有錄取我，真的是虧大了？……」

回到前面，從中強電子到信義房屋，薪資計算標準不同，工作地點不同，工作形式不同，產業類別之前不曾接觸過，而且房仲在當時評價不高，業務是要一直拜託人的工作，我也不知道是否適合我，這是我職業生涯的高度挑戰。事實證明，我花了兩年選上店長，也得到最高榮譽信義君子殊榮，我是適合這個工作的，雖然兩年過程中有些風浪與顛簸，我都把它當作我的成長的養分，吃苦當吃補。

跳脫框架，勇往直前

其實我最後證明一件事：選擇產業還是要以個人特質、天賦、適切性去思考，若能跳脫窠臼以及既有框架，並掌握到契機，便可闖出一番成就。我在信義房屋待了六年，期間經歷結婚、生子、買車、兩度帶領桃竹區拿下全公司最高榮譽的「精神總錦標」，還當選全國十大「金仲獎」，獲得殊榮，並且考上不動產經紀人國家執照，這些榮譽不僅夠我回憶終生，也在打拚事業的旅程中扎下厚實的根基。

信義房屋轉換至華信銀行擔任 MMA 投資管理帳戶專案行銷組襄理，風險仍是低、中度，都屬於業務主管型的工作，地點再從中壢換回台北，應該更加適應，業務類型從房仲換成房貸，彼此相關性也高，只是金融業的科層組織比較複雜，政治議題也較多，風險控管更嚴格，初期還真有點不適應。

銀行轉換到安捷倫科技工作，雖然同樣是業務主管型工作，但從 B2C 轉換成 B2B，變化較大。我三十二歲第一次真正嘗試 B2B 的業務，雖然新鮮，倒也驚險萬分，加上老闆是澳洲墨爾本人，外商的組織文化與型態皆與台商大異其趣，我認為是中高度的風險。

在這六年中，我面臨職業生涯極大的挑戰，包含語言、職場文化、業務型態、合作模式、薪酬計算、工作環境皆有所不同，而我依舊靠著業務能力，成功拿下亞洲區服務品質白金獎、全球總裁獎殊榮。同時，我還擔任公司福委會幹部，退職金委會員、勞資委員會代表，在外商的極佳環境，創造極佳成果。

轉職的創新思維

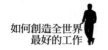

職場工作者要如何將創新思維，靈活運用到職涯轉換上？什麼是成功的決策？什麼又是失敗的？我幫大家整理如下：

1. 三點不動，一點動：一次只有一個變數，比較容易成功；變數太多，風險就增加。
2. 離職絕對不去同業：這樣做，能在老東家留下好名聲。
3. 進對產業、選對公司、跟對老闆：三者必須同時思考，不要滿腦子只想換公司，不想換產業。
4. 善用自己的優勢：我看似十五年換五家公司，其實十二年都在做業務，萬變不離其宗，掌握核心優勢，不用怕沒工作。
5. 履歷表僅供參考：找工作靠履歷表，失敗率高，若能有人引薦、推薦，成功率大增。
6. 知道自己要什麼：不要輕易被外在的薪水、職位、福利所迷惑，要清楚自己要什麼，這點是最重要的。

7. 與其更好，不如不同：業績沒有最好的一天，人生卻能有最佳的選擇。
8. 不要貪圖好公司，留戀好賺錢：通常死的快的原因，都是貪心與留戀。
9. 見好就收：最高點離職才漂亮，這是停利點，永遠有人可以取代一個很優秀的你。
10. 見不好再撐一陣子：不要在公司最需要你的時候離職，更不要丟給別人爛攤子。

若要用一句話來說明，背後貫穿的核心概念都是：「人多的地方不要去。」不要看到人多排隊就去跟，也不要跟著一窩蜂搶購商品，相同的道理可以套用到生活中很多地方。

借用巴菲特一句話：「別人貪婪時，我恐懼；別人恐懼時，我貪婪。」

13 「一加一大於二」的綜效
LEWIS 原則的 Synergy

人生很多事情，都是徒勞無功的。

Synergy 這個英文字，中文翻成「綜效」，我用一句話解釋它的道理：「一加一大於二」。

「綜」就是「一加一」，當然也可以解釋成「一加一加一加一……」，也可以解釋成「為某種目的而合作的一群人，或組織、機構、公司」。

關鍵重點是：「為某種目的」以及「合作」，所產生合作分工的行為。

「效」就是「大於二」，效果、效率、效能，或者更白話一點來說，就是「有利可圖」，也可以是達成你所預估的某種效果，例如擴展人脈或增加商業機會，不過若無法用數字衡量，就很難讓綜效持續。沒有目的的「一加一」只能等於二，甚至還更少。在能夠提升的效果有限的情況下，一也未必要跟另外一個一相加，沒有目的的相加，只會增加管理成本，徒增煩惱；如果還是做低水平的重複，效益不大，久而久之，效果沒有出現，綜效就自動歸零。

這就是我常說：「人生很多事情，都是徒勞無功的。」

我舉幾個綜效實際發生的例子，比較容易理解：

1. 一位優異的學員，可以引薦他出書、出版影音作品，也可以邀請他來上我的廣播節目，對他有利，對周邊合作夥伴有利，對我的節目也有利。
2. 我讀完一本書，錄成影音說書節目，或上廣播現場接受專訪，並與主持人對談討論書籍內容，還可以與出版社一起直播，一魚三吃，讓許多人都有利。
3. 我開發一場新演講主題，代言場合可以用，商業演講可以用，慈善募款可以用，不用擔心辛苦準備一場演講，只能用一次的機會成本太高，然而降低機會成本，才能發揮最大綜效。
4. 辛苦棚拍一些照片，代言露出可以用，臉書發文可以用，雜誌刊登也可以用，這是再簡單不過的綜效了。
5. 曾文誠是資深棒球球評，劉柏君是台灣首位女性棒球主審，我們是好朋友，再聯合其他幾位好朋友，成立台灣運動好事協會，一起做好事，也是一種綜效的例子。

總之，綜效看似很難懂，其實只有三個重點：

1. 不要單打獨鬥。
2. 資源有效運用。
3. 有合併效用，才值得嘗試（也是雙贏或三贏的重要思維）。

接下來，將透過更多案例來說明綜效的評估指標。

14 五個評估指標

Synergy 的案例

要練習先付出，才會有貴人出現在身邊。

以下是幾個我曾經試圖發揮綜效的案例，根據是否成功以及效益大小，我用一至五的星等來分析評估：

	單次活動	延續活動	商業價值高	人脈人際	線上線下平台	慈善公益	生活旅行
五星		✓	✓	✓	✓	✓	✓
四星	皆可				五選四		
三星	✓				五選三		
二星	✓				五選二		
一星	✓				五選一		

1. 憲哥＋福哥＝憲福育創（五顆星）
2. 憲哥＋內訓＋演講＋拔河隊與棒球慈善捐助＝翻轉人生的最後一哩路（四顆星）
3. 憲哥＋盟亞（管顧型態的公司都算）＝企業內訓（四

顆星）

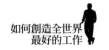

4. 憲哥＋福哥＋震宇＝超級簡報力（四顆星）
5. 憲福育創＋何社長＝寫出影響力＋慈善捐款（四顆星）
6. 憲哥＋TED×Taipei 講者＋企業內訓＝說出影響力企業進階版（四顆星）
7. 憲哥＋廣播節目＝孜孜線上聽音頻（三顆星）
8. 憲哥＋商周＝職場憲上學專欄（三顆星）
9. 憲哥＋遠見天下＝華人精英論壇＋一號課堂音頻（三顆星）
10. 憲哥＋棒球＋國外旅遊＝旅遊生活（三顆星）
11. 憲哥＋拔河＋國外旅遊＝旅遊生活（三顆星）
12. 憲哥＋小美（課程經紀）＋世紀智庫＝向 A+ 大師學管理（三顆星）
13. 憲哥＋李怨權＋歌迷（憲福學員）＝想像五年後的自己（三顆星）
14. 憲哥＋夢想三十八餐廳＋憲福學員與廣播來賓＝夢想實憲家（三顆星）
15. 憲哥＋影音節目＋憲福學員＝職場修練＋運動管

理（兩顆星）

16. 憲哥＋廣播來賓＋憲福學員＝平台價值（兩顆星）
17. 憲哥＋mybook 樂讀隨我＋作者群＝書房憲場節目（兩顆星）
18. 憲哥＋作者＋廣播節目＝作者人脈（兩顆星）
19. 憲哥＋廣播節目＋運動項目＝運動人脈（兩顆星）
20. 憲福＋助理鈺淨＋夢想實憲家＝發掘優秀員工（兩顆星）
21. 憲哥＋大大學院＋憲哥粉絲團＝平台（兩顆星）
22. 憲哥＋憲福課程＋憲哥粉絲團＝平台（兩顆星）
23. 憲哥＋大大讀書＋出版社＝商業默契（兩顆星）
24. 憲哥的年度演講＋名人朋友們＝群星會（兩顆星）
25. 憲哥＋新書發表會＋憲福學員＝取捨與平衡演講／三千萬講師演講（兩顆星）
26. 憲福＋台南佛光山＋南部憲福學員＝回饋南部鄉親（兩顆星）
27. 憲哥＋老師同業們＝滴水穿石講師聯誼會（一顆星）

評估綜效的標準，我認為最重要的是能否成為長期延

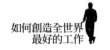

續性活動，最好還能成立公司，以公司的形式來組織更具效果，因此憲福育創的成立就是綜效最大的案例。

其他許多活動也都有延續性，為什麼無法被評為五星呢？

因為還要考量到兩個問題：第一，是否有高度的商業價值？第二，是否能建立長期的公司組織型態？

關於綜效的評估，我整理出五個指標，依照重要順序分別是：商業價值、人脈人際、線上線下平台、慈善意義、旅行生活。

商業價值

關於這點，也許會引起批評：「原來綜效就是錢啦！」若有人要這樣說我，我也不能反駁，但是回到綜效的定義，「綜」是集合，「效」是效果、效益、效能，能夠提升商業價值、增加效率、產生附加價值的集合與合作模式，才稱為綜效。

當然如果有非商業的意義，就要看值不值得去做了，如果其他價值高過商業價值，在資源有限的情況下，當然還是值得發揮綜效，投入時間，不過我還是要強調一下：

「值得做的事，不一定值得非常認真做，要考慮機會成本。」

然而，「機會成本」就是另一種商業價值意義，只是從負向來說明罷了。畢竟，對於小規模創業者，尤其是知識工作者而言，時間與健康是最重要的資本。

也正因為我們每個人的時間有限，想做的事情往往無限，若不考慮時間的投資報酬，讓各種大小事同時產生干擾，或是因為無法聚焦，消耗掉寶貴的時間資源，講白了就是非常不划算。

人際人脈

這一點是無形的價值，很難衡量，但很有用。

不是所有的活動都要先考慮人際與人脈，往往正是因為不先考慮人際人脈，才會有真正的人際人脈出現，這就是所謂的「弱連結」。我自己參加過很多人際交流活動，也換過很多名片，但大多就是臉書的點頭之交，然後，就沒有然後了。

我覺得人脈最重要的一個概念就是：「深度對談」，若有機會不妨先做到「單向式」的公眾演講。

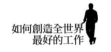

在我主導的場合中，我通常會請人上台說話，時間長短不拘，短則十秒鐘，長則一分鐘，有些場合還會邀請多位講者，並安排七至二十分鐘的時間。口語表達經過「說出影響力」課程訓練的朋友，能夠一戰成名，否則，也就沒有然後了。即使上台時稍微吃虧的人，若能持續提升表達能力，不斷壯大自己，當然也有發光發熱的一天。

關於人脈，我的想法是：「沒有目的，就會達成目的」，「你先奉獻自己，給他人好處，別人才會願意奉獻他自己，每個人都要練習先付出，才會有貴人出現在你身邊」。

線上線下平台

線上大多為臉書、社群，真真假假，假假真真，有時也很難一言以蔽之。

我建立的線下平台有：夢想實憲家、環宇電台憲上充電站節目、孜孜線上聽大師談職場節目、憲福育創、影音平台、夢想三十八號餐廳、新書發表會與年度演講、企業內訓、說出影響力社群、書房憲場等等。

平台所展現的價值，就是結合商業價值、人際人脈、慈善公益以及旅行生活，讓線下的活動以實體的方式呈現，不再僅限於所謂的點頭之交。

慈善公益

這點其實毋須刻意。然而，每當你發現無法創造三贏時（找不到第三方），就思考怎麼做可以幫助他人，讓你所投入的事情產生更大的價值。我自己的體悟是：「當你能夠幫助他人，你會覺得比較沒那麼累。」否則一個人要搞這麼多事，若不賦予更高的意義與價值，我會懶在家，一旦這是捐助他人的活動，雖然不至於對我產生綜效，可能有啦，像「名」就是綜效的一種，但對他人產生真正的「效」，我覺得意義絕對大於對自己產生「效」。

套一句蘇貞昌院長的防疫名言：「口罩要能先顧好台灣人，才能輸出捐助他人。」我跟福哥的憲福育創也力行：「行有餘力，幫助他人」，「幫助他人」的前提就是要先做到「行有餘力」。

創業這幾年，無論透過演講、課程、自掏腰包，代表作品像是憲福育創「改變的勇氣」、「職人精神」、「寫出影響力」，以及「翻轉人生的最後一哩路」憲式魅力演講等，合計捐助的金額超過兩百五十萬元。

旅行生活

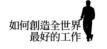

這是我最愛的，我有一群愛旅行的夥伴，他們跟著我上山下海，一起看棒球、拔河，我很喜歡跟他們在一起，尤其在旅行的時候。

能夠創造一種工作，能賺錢，能有意義，能結合興趣，還能有吃有玩，這是我人生最快樂的一件事了。

上述是我嘗試過的活動，無論綜效大小，它們都成為我人生的養分。謝謝跟我一起發揮綜效，各取所需的朋友們，我的強項幫助你的弱點，你的強項幫助我的缺點，幫助不成比例，就用現金替代，這是社會形成合作的重要關鍵。

結論：不要錢的，通常最貴。

Part 3

創造最好工作的旅程

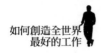

值得做，但不一定值得非常認真做

我所創造的工作型態，是我心目中全世界最好的，我會這麼宣稱，一定有我的理由，我甚至會說它比起十年前，被稱為全世界最好的工作——澳洲大堡礁的保育員，有過之而無不及。但是，一路摸索全世界最好的工作型態，它適合我，不見得會適合你，但它絕對有跡可循。

我會利用自己在職涯發展中，創造最好工作的案例故事，逐一拆解其中的精髓，尤其將「LEWIS 五大原則」的實際應用，透過案例，詳細說明，讓讀者能夠清楚理解每個原則的想法以及做法。

我也要再三提醒：「值得做的事，不一定值得非常認真做，千萬要考慮機會成本。」

開始囉！

15 時間就是你最大的資本

努力工作的最大好處，在於你可以選擇你想要的生活，而非隨波逐流。

我是如何逐步走向「工作組合」的？

我並不是二〇〇六年一出來創業就發現這工作的。工作組合是一個拼圖概念，必須將一塊塊拼圖先試做完成後，再將其組合起來。前期花比較多時間在奠定基礎，尤其是經濟基礎，同時努力摸熟各項工作的特性。中後期再慢慢發展其他的工作組合，才能擁有今天這個最幸福、最棒的工作。

最好的工作時程發展

我的幸福工作時程如下：

1. 二〇〇六至二〇一〇年，幸福工作的前期開發階段：厚植經濟實力、在市場占有一席之地。
2. 二〇一一至二〇一五年，幸福工作的中期醞釀階段：開發多元平台與槓桿產生階段。

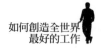

年份年紀	企業內訓(時數)	憲福育創公開班(時數)	出版作品	專欄(時數)	廣播(集數)	影音	電影/偶像劇	代言商業合作	餐廳	研究所
2006(38)	723									
2007(39)	952(專任)									學分班
2008(40)	978(專任)									學分班
2009(41)	911(專任)									學分班
2010(42)	1136									碩一
2011(43)	918		行動的力量＋說出影響力							碩二
2012(44)	1021		故事的力量CD／千萬講師的百萬簡報課DVD／教出好幫手							畢業
2013(45)	838		人生最重要的小事	商周(40)	環宇(46)					
2014(46)	1111	16	職場最重要的小事	商周(44)	環宇(52)					

年份年紀	企業內訓(時數)	憲福育創公開班(時數)	出版作品	專欄(時數)	廣播(集數)	影音	電影/偶像劇	代言商業合作	餐廳	研究所
2015(47)	767	63		商周(32)遠見(4)蘋果(24)	環宇(52)	憲場觀點免費版			夢想實憲家／憲場觀點	
2016(48)	521	121		商周(27)遠見(13)蘋果(10)	環宇(52)	憲場觀點／新手業務			夢想實憲家	
2017(49)	548	134	千萬講師的50堂說話課／人生準備40%就衝了／人生沒有平衡，只有取捨	商周(23)遠見(18)	環宇(52)	商戰直播／新手主管		羅技 茶裏王		
2018(50)	450	85	20歲小狼・50歲大獅	商周(29)遠見(6)	中廣(43)	商戰名人／說服力教練／超級好講師		Mybook／龍騰富御／北投健康管理		
2019(51)	263	154		商周(10)遠見(8)	中廣(27)	運動學管理／大大讀書	籌拍暗號	安達人壽／大江生醫／PARK 259		
2020(52)	160(預估)	140(預估)	如何創造全世界最好的工作	遠見(1)	重回環宇電台	帶人的技術再版／贏得信任感（計畫中）	計畫開拍	三得利芝麻明	結束經營	

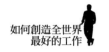

3. 二〇一六至二〇二〇年，幸福工作的後期成熟階段：

融會貫通、成熟應用，進而交互產生力道的階段。

接下來，我想從時間軸的角度，談談這三個已經實現的階段，及其當初的構思過程。

對我而言，最重要的資本就是時間，在談論這個主題之前，我先讓大家看前頁圖表。

人生每個階段都會有不同選擇，我用時間軸的方式解析一下。

前期開發階段

二〇〇六年六月三十日，我離開長達十五年的職業生涯，轉戰職業講師。當時心裡對於自己是否能成功並沒有任何把握，只知道往前衝，沒想到憑著自己十二年的業務磨練，竟很快就闖出一些心得。

如前面表中所列，二〇〇六年，我僅在下半年能全力衝刺的狀態下，第一年就開出了七百二十三小時的紅盤。這個數字所代表的意義，正是我第一年的講課收入約為兩百六十萬。這個收入加上上半年還在職場工作的收入，當年合計收入約為三百八十萬元，已超越了我前一年在職的薪水收入兩百二十萬元。

這一方面得感謝盟亞企管給予我的大量課程邀約，此外，更是我自已盡可能來者不拒的努力。這一年，也因為做了兩份工作，特別感到疲累，導致坐骨神經壓迫，宿疾爆發。

第二年就很考驗我的實力了。我簽了一張專任合約，公司保障我至少有七百小時的講課時數。很幸運的，專任第一年我就有了九百五十二小時的亮麗成績，換算成收入大約就有四百萬，已超過我原先認為已經到達天花板的二〇〇六年收入三百八十萬。

同年，我開始上中原大學 EMBA 的學分班，一學期一門課，一個禮拜只有一天晚上，到學校上課試試學習的水溫。重新當上學生的感覺真是不賴，我盡可能每次上課都到校，排除任何事務，連大陸行程都錯開，老師都給了我不錯的成績與評價。

二〇〇八年專任講師第二年，教學成績一直維持高檔的九百七十八小時。接下來，我開始萌發念頭想要出書，只是出版社一直沒個譜，談了兩家都沒下文，但這件事並沒有澆熄我心中的念頭。短期間，我只能一面繼續寫我的

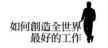

部落格，一面奔波在兩岸，學分班也繼續念。

二〇〇九年專任講師課程時數來到九百一十一小時，時數雖然微幅下跌，但因為鐘點費上漲，收入其實不減反增。而且，二〇〇八年九月起，全球遭逢金融風暴，幸好我的授課範圍並沒有押在同一個產業，因此，我的授課情況完全不受影響，這可以從我在二〇〇八至二〇〇九年穩定的講課數量看得出來。

二〇一〇年，我四十二歲，機緣讓我遇到城邦集團。謝謝何社長與黃總給我機會，簽下了我的第一本書《行動的力量》出版合約。同一年，拜大陸市場蓬勃發展之賜，我的授課時數一口氣成長到一千一百三十六小時，這也是我授課時數的第一高峰。同時，我也以甲組第一名的成績考進中原大學 EMBA，有了碩一的新身分。自此，我的身分慢慢開始轉移與變化，逐步撥出一些時間寫作，也著手奠定未來十年的榮景。

中期醞釀階段

二〇一一年，授課時數九百一十八小時，與往年相比並沒有減少，同年三月和十二月各出版了《行動的力量》、

《說出影響力》兩本書。從這一年開始，我慢慢感覺時間的運用還可以更多元化，那些說沒有時間可以做更重要事情的論點，都是自欺欺人的。

我移出三個空閒時間：

第一，課程漸趨穩定與熟悉，備課時間大幅下滑，空檔自然出現。

第二，雖然二〇〇七至二〇〇九年的授課時數滿檔，但其實還是有很多空餘時間可以利用，只是在沒有接到新任務之前，連自己都沒發現自己的潛能是無窮的。

第三，二〇一一年，我以研究所晚間課程不方便請假當理由，婉拒大陸的上課邀約，自然大幅釋出來回交通時間。

利用這些時間，我一年出版了兩本書，除此之外，後面還有更精彩的。

二〇一二年六月研究所畢業，同年二月出版《故事的力量》有聲書、六月出版《千萬講師的百萬簡報課DVD》、七月出版我的第三本書《教出好幫手》。這一年，我沒有任何空閒時間，加上上半年忙於寫論文，使得身心靈出現極大不安。現在回想起來，當時自己可能已出現憂鬱症的症狀而不自知。那時，我對自己的工作覺得很厭煩，並且很討厭自己，加上下半年開始跑大陸，一旦開始忙起來，厭惡感湧上心頭，心裡一直出現想放棄自己與事業的念頭。

這一年，我上了一千零二十一小時的課程，這讓我覺得自己快瘋了。我知道自己必須按下暫停鍵，也得到一個結論：值得做的事，也不一定值得非常認真去做，要考慮機會成本。也就是說，我用我的寶貴生命與時間，去做可以賺錢的講師事業，但真的不值得非常認真做，因為背後的損失與代價，有可能會超出想像。授課精益求精與大量接課的結果，導致我除了上課以外，所有人生更值得去做的事完全沒有體驗，並且一竅不通。這不是我想要過的生活。

我問了自己很多次，最終決定按下暫停鍵，開始調整步伐。

二〇一三年我四十五歲，認識王永福，自此開啟了人生下半場的無限可能。九月份我出版了一本我自己非常想寫的書《人生最重要的小事》，將自己人生上半場的心得，全部寫在這本書裡頭。裡頭沒有太多技巧、方法論，只是認真反省自己的得與失。我本來對自己寫的這類書籍並不是很有信心，結果竟賣了十刷，也算是奠定自己往感性文字前進的契機。

這一年我將大多時間花在寫商周的「職場憲上學」專欄，以及製作、主持環宇電台的「憲上充電站」節目。在這裡要謝謝我的編輯洪慧如小姐，以及我的節目企製游昌頻先生的大力協助，沒有他們的幫忙，我在這一年的兩個新嘗試（即「職場憲上學」和「憲上充電站」），很難同步進行，也難得有了還不錯的成績。我非常喜歡我的專欄作家和廣播節目主持人的新身分，這兩個身分不僅對我的人生，也對我的事業很有幫助。然而這兩項，都不是為了錢而做，真正為了賺錢而做的，是以下這一項工作：

這一年，我講了八百三十八小時的課程，雖然多了專欄作家與廣播主持人的新身分，但我的課程時數其實下滑不多，收入卻大幅攀高，這就是所謂的「綜效」。我的鐘點費從原來的死豬價，變成每一年都漲價，尤其是專欄爆紅之後，連帶而來的電視節目邀約，都對我的知名度與指名度有顯著的幫助。

這時候的管顧推案會越來越容易，加上自己在企業教育訓練經營八年以後，口碑的效益早就發酵，不漲價才是錯誤的策略，而且會玩死自己。此時，開發新課與更高端的課程正在逐步進行中，同時也限縮一些不賺錢的課程、自己上得不比別人好的課程，或者是品牌指名度不高的課，我全部打算淘汰。

我第一個刪掉的課程是業務類型課程，接下來的策略則是「聚焦」。

二〇一四年，我四十六歲，那是我授課生涯的結尾，也是最高峰，上課時數達到個人年度授課時數的第二大量，靠管顧而來的講師費金額也是最高。由於我不想再靠講課收入過生活，但是若沒有被動收入，我遲早會上課上到「死而後已」。這一年，商周專欄與廣播主持的效應持續發酵，我還將二〇一三至二〇一四年所寫的近一百篇專欄，結集成《職場最重要的小事》一書，並且賣到六刷，這也是「綜效」。

值得一提的是，這一年，我開始與王永福先生、周震宇先生合開首梯「超級簡報力」課程，奠定了未來公開班市場的契機。謝謝澄意文創的美麗執行長馬可欣小姐與團隊的大力行政協助。

二〇一五年，我四十七歲，這一年我與合作夥伴合組了「憲福育創」與「夢想三十八餐廳」。憲福育創是我與王永福先生、呂淑蓮小姐合作的一個聚焦於公開班與高端訓練的平台，並於同年開展了「憲福講私塾」這個教學品牌；同時組合了原班人馬，開設了「超級簡報力」第二班課程，學員的程度出乎意料中的好。

這一年，很多平台邀我寫專欄，我挑了遠見天下集團的「遠見華人精英論壇」，以及蘋果日報紙本與網路的「職場蘋形憲」專欄，都還有不錯成效，同時間，我的商周專欄與環宇電台節目，都仍在持續進行中。

這一年的時間安排，我恪守以下幾項紀律：

1. 由於要產出三個平台的專欄，週日別人出去玩，我就看半小時臉書，外加寫一個半小時專欄。我通常會在上班族臉友一週的臉書中，看到很多專欄的話題。這一年合計六十篇專欄，平均就是一週一篇，我絕不拖欠稿，而且還可以維持每週二至三篇的庫存。
2. 週一固定錄廣播，來賓與企製大力協助我，只要節目有指標性，大家都願意配合你，我的廣播都維持三至四集的庫存集數，做好準備，以免捉襟見肘。

3. 課程排在週二到週六，週間一定要至少休息一天，排工作會議一天，只接課三天，如此才能確保生活品質。
4. 運用空檔，這一年將過去所出版的《說出影響力》以及《教出好幫手》重新改版上市。

成功之道無他，想辦法運用「加減乘除法」就是了。

加法：挑戰自己的潛能，多接一樣。

減法：刪去不必要、產值低的工作。

乘法：發揮綜效。

除法：分散風險。

這一年，我開始在夢想三十八餐廳錄製免費的「憲場觀點」節目，台下的觀眾都是我的朋友，每人收取兩百元入場費，僅提供飲品。每次我在餐廳錄製二至三集的說書與專題節目，考驗我面對觀眾及攝影機的論述能力。那段時間，我發現我完全不害怕鏡頭，這也奠定我未來開展影音新紀元的契機。

這二十三集影片放在 YouTube 平台上讓大家免費觀看，平均每一集都有一萬兩千至兩萬五千不等的瀏覽量

（目前已經鎖住，不對外開放觀看，轉而對企業銷售）。在沒有宣傳的情況下，的確有許多朋友嘖嘖稱奇，重點是這些影片類似脫口秀的段子，「一鏡到底，沒有剪接」（現場觀眾都可以證明）。

雖然這套影音不打算擴大銷售，但這作品其實就是我未來影音節目的原型，先試錯，就會知道問題在哪裡了。很謝謝鄭均祥先生一路幫助我想破頭。

後期成熟階段

二〇一六年，四十八歲：企業訓練引退年。

我在這一年的歷史授課時數累積到一萬小時，同年四月在講私塾三班課程中，正式宣布退休，這裡所謂退休的意義是：不再以企業內訓收入當做主要收入來源，轉而積極開發其他種類的被動收入，這樣我才能兼顧各項工作。

二〇一六年度總授課時數下降到六百四十二小時。比起以前，真的少的可憐，不過這也是憲福育創的剛開始，業務欣欣向榮，包含我的品牌課程「說出影響力」在內，很多新課都開展了。因此，時數下降一點也沒有讓我感到難過，反而開心，多元的生活讓我很滿意。這一年我甚至

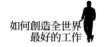

去了兩趟歐洲，一次去荷比盧，另一次去的是瑞典與丹麥。

此外，我的前三套影音課程「新手業務必殺訣竅」、「新手主管必殺訣竅」、「職場修練二十四講——憲場觀點實境節目」全都開錄並且上架，每一檔在隔年都有超過一千五百位讀者訂閱。由於前兩套在企業大受歡迎，因此第三套突破兩千人訂閱。

這一年還寫了五十篇專欄，主持了五十二集廣播節目，維持每週一集（篇）的穩定輸出。在這裡我要特別強調的是：紀律說來簡單，但要能維持穩定輸出，還能有高品質，的確考驗人的智慧與自我要求，最重要的是觸角要廣，生活圈不能受侷限。

二〇一七年，四十九歲，這一年是憲福育創以及出版作品大豐收的一年，也是我搬入新居的一年，也為我五十歲來臨前的最後一年，畫下一個完美的句點。

這一年我出版了《千萬講師的五十堂說話課》、《人生準備40%就衝了》、《人生沒有平衡，只有取捨》三本書。歷經兩年沒有出版作品後，二〇一七年的前兩本書，都締造了突破萬本的佳績，加上憲福育創第二年，得到行政副理黃鈺淨小姐的辛勤協助，此外，王永福跟我的默契漸趨穩定，一切步入正軌，沒有太多挫折波瀾，穩定產出好成績。在這裡我也要特別謝謝方舟林潔欣主編、商周程鳳儀總編、行銷同事秀津、王瑜給予我的幫忙。

這一年代言了羅技簡報筆，以及與茶裏王的商業合作，對我而言都是很新鮮的經驗，同時也開拍了「商戰直播讀書會」這個說書節目，初登板就達到近三千名讀者的訂閱，很開心，也謝謝許景泰先生給我機會。

五年來的專欄作家身分，在這年產量下跌到四十一篇（還是很多），廣播主持五十二集，都能有高品質與高數量的穩定輸出，很佩服我自己。

課程合計也還有六百八十二小時，雖然時數下滑，但因為授課單價越來越高，業外收入蓬勃開展，所以是我人生年薪首度破千萬的一年，而且是在憲福與影音成本均已悉數扣除的情況下。

年初我去看了首爾棒球經典賽，年底去了東京亞冠賽朝聖，只不過我在十一月東京旅行後，發現自己身上的隱疾越來越嚴重。

二〇一八年，五十歲，我去了趟美國旅行兩週，與當時念台大二年級的長子謝易霖合著出版了《二十歲小狼．

五十歲大獅》這本書，人生了無遺憾了。這本書的銷售成績雖然普通，但我覺得這是人生中最棒的禮物了。

這一年專欄寫了三十五篇，廣播轉到中廣新傳媒學院旗下的孜孜線上聽，開始製作線上音頻，維持穩定的戰力，課程明顯開始逐年下降，不過，今年倒是在影音事業上大放異彩。

四千多人訂閱的「商戰名人讀書會」，加上與許景泰先生、王永福先生合作的「超級好講師」線上知識型付費節目，超過四千位讀者訂閱；我自己獨立擔綱的「說服力教練」也有兩千多人訂閱的好成績，也讓影音收入首度超越憲福育創，來到工作組合收入來源的第二名。

這一年跟 mybook 樂讀隨我、龍騰富御、北投健康管理醫院有三個商業合作的機會，慢慢開啟我走向商業合作的新路線。五十歲的十二月，我辦了一場「選擇的自由」收費演講，為我自己在邁入五十歲的關卡時，注入一股活力，迎接未來的挑戰。

二〇一九年，五十一歲，這一年是我人生重要的一年，不是我多有成就，而是我人生第一次進到手術房。因為一個簡單的手術，意外發現自己罹癌，倒也算是好運，及早發現，及早治療。我很平常心面對，只是跟所有第一次罹癌的人一樣，心中想著「為什麼是我？」或者說「為什麼不是我？」

這是一人創業工作者最大的問題，你只有一個人，無人能夠取代你。我在課堂上說過再多遍：「講師不是餓死，就是累死」，都不如親自體驗一次這種感覺。

這一年所有進度都慢了下來，課程變少了，專欄變少了，廣播集數變少了，心態也調整了。進入五十歲後的第一年，變數很多，面對所有的挫折與打擊，最終只希望身體可以好起來，其他都可以日後再說。

步調放慢的結果，我人生五大興趣之一的「電影」來敲我的門（另外四個是棒球、音樂、游泳與旅行）。我想都沒有想過，《暗號》這部電影的籌拍工作會走進我的人生選項。皓宜來找我合作籌拍的時候，我只考慮了一天，就回答她：「很多事現在不做，以後再也沒有機會去做了。」

雖然基於諸多原因，籌拍電影最後變成籌拍偶像劇，不過希望不久的將來，觀眾在電視上看一部談棒球的偶像劇時，會驚喜地發現出品人的名字，就是「謝文憲」。

七位好朋友一起成立左外野國際影視有限公司，那天是二〇一九年七月五日，距離我確診罹癌，不到一個月。我不知道那勇氣哪裡來的，就僅是傾聽自己內心的聲音，單純地問自己：「我到底想不想做？」結論：「想做就去做吧！」

籌拍電影也好、偶像劇也好，距離我們的自有資金，加上文化部與各級政府可能補助的資金，缺口都還有兩千萬之譜。不到半年前，舉辦了兩場募款演講，這是我從來沒想過的事，開口跟別人談夢想要錢，「其實過不了的坎，都在我自己的心裡，不在別人口袋裡」。

我要特別謝謝永齡慈善教育基金會劉宥彤執行長、中傑鞋業副總經理賴彥良先生，以及支持我們的近三十位天使們，讓我還有圓夢的勇氣。我會帶著您們的心，持續往前邁進，等我拍成《暗號》，也希望第一個邀請您們觀賞首映會。

這一年開了「大大讀書」、「從運動學管理」兩個新節目，特別謝謝陳鳳馨小姐的加入，以及擔任運動論壇的諸多大咖來賓跟我一起互動討論。也要謝謝大江生醫、安達人壽給我機會，讓我的個人故事可以變成您們的產品或企業 DNA 的一部分。

寫這本書，是二〇二〇年總統大選剛結束，蔡英文拿到八百一十七萬票史上最高票，也是新冠肺炎開始肆虐全球的時候。不知道我的人生，接下來能拿到幾票？世界將何去何從？

有了上述的背景介紹之後，我想抽離自我，運用放諸四海皆準的原理原則來討論，接下來我會根據 LEWIS 五大原則來回顧我自己最好工作的創造之路，畢竟「不要用現象解釋現象，要用理論來解釋現象」，從中找到解釋成功與失敗的原因。

16 吸引更多人寫出影響力

用你的優勢去補足對方的痛點，產生一加一大於二的好處。

時間：二〇一六年一月

地點：夢想三十八號餐廳

三方：城邦出版集團、想出書的學員、憲福育創

關卡：何飛鵬首席執行長

憲福育創成立滿半年，剛剛穩住陣腳，二〇一六年初的農曆過年前，我與合夥人福哥決定舉辦尾牙，邀請老師們一起同歡。

當天何執行長也受邀，席間大家玩得好開心，殊不知，我們才在一週前，在同一個場地（夢想三十八餐廳），談完一件合作案，而且是無心插柳的合作案。

何執行長那時問我：「文憲，我還沒去你的餐廳坐坐，約個時間大家一起去吃吧！」

我聽到這話，當然事不宜遲，立刻邀了一場飯局，能有大神降臨餐廳，是我們的榮幸。福哥也從台中趕來，城邦集團第一事業群總經理黃淑貞當然要一起來，我們四人的飯局就成行了。

在聊天中找到契機

何執行長當天點的是牛肉麵，事隔四年，我到今天都還記得。

我們當天亂聊，他完全沒有架子。我很喜歡跟有親和力的前輩一起相處，沒有壓力，言談中，我們也都能有收穫。

何執行長：「你們憲福育創經營得如何啊？」

終於聊到關鍵字了。那時我跟福哥非常想邀眾多大神在我們這裡開課，一聽到關鍵字，我心想機不可失，於是回答：「報告何執行長，經營得還可以，馬馬虎虎，就等執行長來我們這裡開課，給我們加持了。」

「我？要開什麼課？」

我跟福哥異口同聲地說：「寫作課啊。」

第一顆合作的種子，好像就這樣埋下了。問題是何執行長不會這麼容易答應上課與演講的。他的工作不是上課，更不是演講，而是經營企業，他為什麼要答應我們的邀約？只是因為一碗牛肉麵，絕對不可能吧？

何執行長：「演講收入都要捐出來，給需要幫助的人或是單位。」

我回：「沒問題，你捐多少，憲福就捐多少，你捐五萬，我們就再捐五萬。」

他眼睛亮了。

何執行長：「我週六、週日都在休息。」

我：「那我們平日白天上課。」

聽我這麼說，他好像把拒絕的話吞了回去，並且問道：「學員有可能平日出來上課嗎？」

我：「沒問題啦！」

何執行長：「你們在哪裡上課？」

我：「你在哪裡上班，我們就在那附近上課，走路就能到的教室。」

他好像越陷越深。

何執行長：「學員有多少？」

我：「光憲福兩人上課，學員不會太多，您願意來，學員就會很多，而且會吸引很多願意出書的學員。」

這時候他的眼睛就真的亮了起來。關鍵句：會吸引很多想出書的學員。

我看隔壁的黃總經理也笑了。我這才察覺，「開發國內作者」是出版社的要務，因此，在還沒開始上課，也還沒跟福哥細談之前，我心裡面就已經有課程雛型了。這個案子正是對出版社有利、對學員有利，最後對憲福也有利的合作案。

理解痛點：「如何才能夠被看見？」

如果你問我：「哪裡對學員有利？來上課就有利？未免太往憲福臉上貼金了？」

沒錯，你所顧慮的都對，我現在才要跟你講，別急。

我開始回想，當時二〇一六年，我已經出版五本書，我到底是從哪裡開始的？是二〇一〇年六月二日，我在痞客邦上課認識何執行長開始的。如果沒有那一堂課，或者是我的課上得很爛，或者是何執行長那天沒到，我都不會有這個機會。說到這裡，真的很感謝黃總經理，以及時任痞客邦營運長周守珍的牽線。

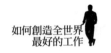

在此之前，我已經談過兩家出版社，他們都沒有理我。福哥呢？因為他寫了一篇關於博士的文章，何執行長在臉書上轉發分享時看見，主動與福哥聯繫，開始了這一段出書的因緣。

你會說：「你們都很幸運，都被何執行長看見，才能有出書的機會。」換言之，一般想出書者的問題就是：他們沒機會被看見。有出書夢的潛在專業者的痛點是，他們沒機會被看見。

我思考著，如何為潛在作者創造一個平台，讓他們被看見，於是供給與需求雙方的痛點就浮現了。憲福育創雖然很小，但我們的潛在資源就是擁有很多金字塔頂端的學員族群。於是，課程就安排出來了。

報名學員的課前作業是：必須在兩個月期間內寫出十一篇文章來，內容包含：憲哥專欄解析專文與心得一篇、專業部落格文章十篇。我們這十一篇作業完成，當天才能來上課，若未完成，就依照規定退費，不能上課。我們要營造一種能來上課就是榮耀的光彩，像是海軍陸戰隊天堂路的概念。

彩蛋一：何執行長會從學員寫的十篇部落格文章中，

挑一篇單獨回饋意見，何等的榮幸！

課程當天：

上午：

何執行長演講兩小時

憲福兩位創辦人，各自演講半小時

下午：

憲哥解析專欄一點五小時（如何寫好**給人看**的文章）

福哥解析谷歌一點五小時（如何寫好**給電腦**〔google〕**看**的文章）

彩蛋二：神秘嘉賓演講四十分鐘（我們安排過李柏鋒先生、于為暢先生、許皓宜老師、吳家德先生、鄭伊廷小姐、鄧政雄醫師、詹乃凡老師等人專題演講）

彩蛋三：城邦出版集團旗下出動三至四位總編輯，以世界咖啡館的方式跟大家聊聊，其實時間很短，也沒辦法聊太多，但「重點不是聊天，而是交換名片」。你知道的，有關係就沒關係，若真的想出書，只要拿出關鍵字：「憲福育創寫出影響力」九個字，總編輯就直接跟你對談了。

我們幫忙學員完成出版書籍的最後一哩路，截稿為止，透過這個課程出版書籍的學員朋友們已經高達二十

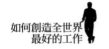

位，出版比例占全體學員的十九%。

你會問：「另外的八十一%呢？」

1. 手持合約，繼續努力中。
2. 發現自己不是出書的料。（知道自己哪裡不行，更專注於其他領域也不錯）
3. 只是想見見大神，沒想要出書。
4. 促成我們其他形式的合作中。

最後，憲福得到什麼好處？一百多位有意願從事寫作的高端學員，以及我們該獲得的報酬。

這是一個經典的三贏案例，希望你能有所學習。

LEWIS 原則的運用分析

何執行長是我的貴人，讓我有機會踏入出版這個領域，到今天我也寫了十本書了。之前，我一直覺得他高高在上，那天，他跟我說要到餐廳吃飯，老實說，我真的喜出望外。

「見大人則藐之」，這裡的藐，不是藐視，而是渺小，能夠平起平坐，一起討論對雙方都有益的事，當然前提是要知道彼此的痛點、需求與優勢。

運用自己的優點去補足對方的痛點，產生綜效，這是最理想的。因此自認為小的公司，應該思考讓自己的強項，有機會被大公司看見。

何執行長不需要講師費，因此我們提出將他的講師費加碼捐助第三方，這點應該是促成合作的關鍵。當彼此理念接近，談合作自然容易，而很多事情，如果沒有第三方得利，其實就不值得做了。

看到二十幾位學員立刻得到出版社的青睞，不久之後作品問世，不僅完成人生夢想，也將自己的專業知識、獨特的人生經驗傳達給廣大讀者，讓更多人獲益，這是我覺得非常快樂的一件事。

	L	E	W	I	S
寫出影響力課程	何飛鵬執行長與城邦媒體集團間的關係	賦予到教室城邦集團各出版社的總編輯，與潛在作者對談的機會	寫作與出版是專業人士個人品牌的要件	何執行長講師費捐出，憲福育創加碼，執行長幫大家改作業	城邦、潛在作者、憲福育創三贏

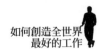

17 在驚喜中，想像五年後的自己

喚起年輕人想像五年後自己的人生規劃，不僅可以幫助年輕人，也可以幫助他們的父母。

時間：二〇一八年八月六日

地點：基隆路一段 WAVEUP 視覺空間

三方：憲哥、李恕權、五六年級歌迷（個人或親子檔）

關卡：名人李恕權，可能不容易說服

李恕權是我們這一代的偶像巨星。我在國中時開始聽他的歌，在那一代年輕人的心目中，李恕權就像是當代歌手畢書盡或李榮浩一樣紅。

一次偶然在電台裡專訪到一位年輕作者李小姐，她在大學四年級就出版了一本書《爸媽離婚再婚教我的事》。很勇敢吧？年紀輕輕就敢把爸媽離婚的事搬上檯面來講，我佩服她的勇氣，更佩服她的文筆。

訪談結束後，我們拍了張照片留做紀念，送她下樓搭

電梯時，我忍不住問她：「妳說爸爸是知名藝術家，我可以知道他是誰嗎？」

李小姐：「憲哥不會認識的啦，我爸沒這麼紅。」

「說來聽聽嘛！」

追星，永遠不嫌晚

「我爸是李恕權，你應該不認識。」

我一聽到這三個字，大腦瞬間如被原子彈炸裂般，昏沉了好一會！

「妳是說唱〈喜歡你〉、〈迴〉、〈每次都想呼喊你的名字〉的李恕權？」

「是的。」

「我超愛他的。」接著我隨口哼了幾句，她已經相信我是歌迷，一點也不假。

故事如果只到這裡，我就不會寫出這一篇了。我馬上追問：「可以跟妳爸見面嗎？」

「機會不大吧！他不想再面對媒體。」

我嘆了一口氣，送李小姐搭電梯下樓，心裡還是莫名地開心著。

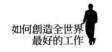

隔了一段時間，我的一位朋友汪士瑋老師知道了這件事。由於她年輕的時候在電台上過班，也在唱片公司工作過，她願意幫我牽線，加上我再跟李小姐請求，終於促成我跟李恕權大哥的見面。

這件事的演變，就是一個透過人脈的引薦，讓我認識偶像的例子，沒有什麼值得跟大家說嘴的。我在幾年前看過一篇在網路上瘋傳的文章〈想像五年後的你〉，正是出自李恕權先生的筆下。文中談及他為何有機緣從美國到台灣發行唱片，以及他從美國太空中心的工程師，轉變成為歌手的故事。

我當時的想法是：如果可以邀請他來演講那就太好了。然而，每當我跟他提到這念頭時，都被他打槍。

從第一次見面的行禮如儀，與偶像合影；到第二次與偶像一起吃早餐，開始可以開玩笑；到第三次我帶著助理黃鈺淨小姐，和偶像一起洽談演講合約的事宜，這一切都像做夢一樣。

倒也不是全盤接受了李恕權大哥所提的條件，合作就可以談成，重點是 why？他好端端的幹嘛要出來演講？他在大學教授音樂編曲，犯不著為了賺這點微薄的演講費而重出江湖。而且人家搞不好會以為他是老來俏，想要蹭版面。或者他也不想讓別人誤會他女兒想要靠老爸來推一下剛出版的新書。更重要的是，二〇一八年還有一個傅達仁先生在歐洲安樂死的新聞，而恕權哥正是傅先生的乾兒子，事情還真的有些複雜。

誠實說出心中的想法

我真的不想太勉強別人，尤其是我的偶像，因此我只向他表達以下一些想法：

我身為兩個兒子的父親，我很清楚台灣社會的父母對於兒女的栽培之心。但是有很多年輕人根本不知道自己未來可以幹什麼，或者能夠幹什麼。您在一九八〇年代所做的人生抉擇，雖然事隔久遠，但我相信，若能「喚起年輕人想像五年後自己的人生規劃，不僅可以幫助年輕人，也可以幫助他們的父母」。這是一件社會工作，不是為了您，更不是為了我，而是為了台灣社會。

再者，我們所收的票價是一般人能夠負擔的。如果有學員想要跟您拍照，每一組還可以收取五百元的拍照費，您也可以藉此避開瘋狂粉絲的拍照要求。我們讓您拿取一

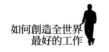

半的拍照費，另外一半則可以捐助慈善機構幫助他人。此外，現場也可以幫您販賣您的CD，有買CD的聽眾，您再幫他們簽名，這樣您的身體跟體力也不會負擔太重。至於CD價格，只要給我們優惠即可。

我們宣傳這場演講訊息的時候，成人收原價，他們帶來的孩子則給予優惠價甚至免費，一般大學生也給予優惠價。重點不是票房收入，而是鼓勵全家一起參與。

我就這樣一口氣提了以上的合作概念給他，只見他一直笑、一直笑、一直笑地說：「我真的被你說服了，好像真有那麼一點道理。」

二〇一八年八月初，我們成功舉辦了這場兩百多人的演講，我做夢都沒有想到可以成功說服他。不過，他在演講前一直跟我說：「演講現場不要慫恿我唱歌，大家不但不會喜歡聽一個六十幾歲的阿北唱歌，也會讓整場活動失焦。」

「唱一首就好啦。」我要求著。

「我說不行就是不行。」他斬釘截鐵地回答。

沒想到，在演講現場的最後時刻，他說：「原來我跟憲哥說不唱的，要是叫我唱歌，我就翻臉。但在報名截止日前最後一週，距離兩百位聽眾報名的目標，還差四十幾位的時候，我跟憲哥說，只要聽眾達到兩百位我就唱。他一定以為我會爽約，但我不爽約，我現在就唱。」

當天他一口氣唱了三首歌，在距離我只有兩公尺的舞台上，一口氣唱了三首。我真的眼淚都要掉下來了，我感動，我開心，我更是感恩，我徹底愛上李恕權。我想這就是偶像吧？總會帶給粉絲無比的驚喜。

LEWIS 原則的運用分析

誰說憲福育創都是簡報、演講、教學、寫作這類的課程，我一直想有些不同的嘗試，「有多想創造新領域，就有多想做這案子」。

如果李恕權不是我的偶像，我就沒有這麼強烈的動機，偏偏他是超級偶像，彷彿喚起青澀歲月追求女生的想望，很想把他追到手。

找出偶像為何要合作的原因和理由，而「守信與重諾」也絕對是關鍵。我跟他私下約訪，都是做足了功課並且提早到達，至於不能答應的事，千萬不能答應，已經答應的事，就一定要做到。

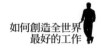

憲福的學員相當重視對子女的教育，我心中很快冒出一個想法：「如果可以讓爸媽跟孩子一起聽一場關於夢想的演講，那該有多棒？」

我的動機很強烈，並且貫徹堅持，這樣創新的思維與組合，在同事的共同努力下，順利完成。這個經驗未來說不定也有機會運用在我其他的偶像身上。

	L	E	W	I	S
想像五年後的自己專題演講	李怨權與其文章所造成的漣漪效應	賦權名人展現才華與盡興發揮	說服李怨權用自身故事鼓勵年輕朋友，並促進家庭和諧	與名人拍照收費，其款項二分之一捐助弱勢，偶像演唱三首代表歌曲，堪稱最大亮點	憲福粉絲經營，有機會認識超級偶像，用不同的演講型態呈現憲福課程的多樣化

18 聽故事，成為「夢想實憲家」

聽聽他人的夢想故事，給自己一點勇氣。

時間：二〇一五年八月至二〇一六年十二月

地點：夢想三十八號餐廳

三方：憲哥、說出影響力學員與粉絲、廣播來賓與名人

關卡：整合多方很困難、我不擅處理行政報名等繁瑣事宜

你有夢想嗎？能有機會實現嗎？

二〇一五年七月，我與另外二十來位朋友，一起合組「夢想三十八餐廳」。一個原本不在我夢想清單上的「餐廳」選項，因為一通電話，加上幾十萬現金，就這樣夢想成真了。

夢想成真沒什麼值得說嘴的，餐廳要能繼續經營，而

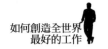

且要能持續獲利才是關鍵。而我對於經營餐廳，或者說餐飲業，其實一竅不通，我唯一能做的，就是「行銷」。

說行銷太空泛，說得通俗點，其實就是包場、帶人來餐廳吃飯等有助於增長營收的活動，這樣大家就應該聽得懂了吧？我最擅長的就是包場，不僅餐廳可以包場，電影可以包場，連同公開班、企業內訓，其實也都是包場的概念。

包場是一種整合的超能力

寫到這裡，我才覺得我很擅長包場，或者說是擅長做線上線下整合，我好像真的很會。

大致算了一下，在這四年多的日子裡，我一共包了二十六場，算是貢獻卓著了。其中最為人所津津樂道的，應該就是「夢想實憲家」這個系列活動了！

這個系列活動一共辦了十五場，雖然不敢說帶來的營業額有多大，但留下的回憶卻無限深遠。

我有很多「說出影響力」演講班的學員，他們學了一身好功夫，卻往往欠缺舞台；我有很多廣播節目的來賓，我覺得他們都好棒，好有故事，卻也缺少舞台讓他們繼續發光發熱；我有一間餐廳，初期需要業績與知名度，也需要人潮加持。

於是，我針對手上僅有的這些籌碼反覆思考了幾回，是否可以用「夢想」為名，結合夢想三十八的餐廳名稱，也結合我的名字中的「憲」字？於是，「夢想實憲家」的系列活動，就這樣被我催生出來了。

實際上的做法是，在那段日子裡，我會透過上課、主持廣播節目，或任何與別人接觸的機會，特別觀察聊天對象說話時的夢想含量。只要發現對方身上有讓不可能成為可能、想別人所不敢想、做別人所不能做的特質，我都會想要約他來這個舞台，對著五六十位現場觀眾演講。特別是一些廣播節目中受訪的來賓，節目中的對談有點像是透過來賓的表達能力過濾對象，如果發現對方可以上現場演講，我就會邀約，如果來賓在節目中的表達能力需要加強，我就會暫緩。因為這樣的方式，我總是有源源不絕的來賓可以邀約。

不用怕來賓知道演講的場地是我的，因為大多數的來賓都很希望他的出現，能為餐廳帶來人潮與現金流，其實他們都很願意幫忙的。

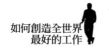

至於觀眾從哪裡來呢？觀眾大多是我的朋友、學員等，他們會到這裡的目的大多只有三個：

1. 聽聽他人的夢想故事，給自己一點勇氣。
2. 觀摩他人的演講、簡報技巧，還有投影片製作等，為自己帶來一些收穫。
3. 社交，認識一些在自己領域中遇不到的人，這是一個很重要的目的。

延伸夢想，擴大平台

餐廳，我完全沒提到餐廳，但餐廳卻成為最大的受惠者。而我，則增加了一些邀約來賓並擴大人脈機會、學員的社群經營，以及對餐廳的微小貢獻。最重要的是，這個平台是我在教育訓練課程，尤其是公開班，以及廣播節目主持人身分的延伸，「夢想實憲家」就是我的線下活動平台。

寫到這裡，我要很感謝我的助理黃鈺淨小姐，在她還沒到憲福育創上班時，願意主動幫忙我，讓我看到她的行政能力，以至於當我向合夥人引薦她進到公司上班時，說服力大增。老實說，整個活動從發想、邀約來賓之後的事都是她在做。

謝謝我的兩位小助手蔡湘鈴、莊舒涵小姐，她們總是細心、貼心地幫忙我與助理，尤其她們自己都有工作，還願意利用晚上來幫忙我，處理這一個月一次的盛大活動。

謝謝兩位餐廳店長 OA 跟小倩，還有我的餐廳同事，謝謝他們讓我有機會為餐廳貢獻一點心力。

最後，我想提提這個活動對演講者的好處。

對憲福育創所培養的演講者而言，這是演講舞台的延伸，更是憲福育創社群平台的延伸。對廣播來賓而言，他們在參加一個節目之後，還有一個線下平台可以宣傳新書或是理念，這一點我認為是非常棒的。對於我的私人朋友而言，平常不太有機會遇到他們，反而透過這平台，讓他們講故事給我們大家一起聽，讓我的朋友，變成大家的朋友，如許皓宜、田定豐、吳家德就是其中代表。

這是一個四贏的活動，對餐廳，對講者，對觀眾，對我都有一些好處，而其中商業的部分，就是每位聽眾必須負擔六百元的餐飲費與場地費。我把這些錢付給餐廳、演講者及助理的加班費。若還有剩餘，就轉成未來電影包場的基金，做妥善運用。一個花很多時間，金額不高，卻能

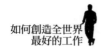

帶來四贏的活動，你辦是不辦？

現在想起來，我還是很雀躍。

LEWIS 原則的運用分析

一開始我覺得是苦差事，餐廳是二十幾位股東共有的，不是我一個人的，結果我付出很多，收穫也很大。

我有很多學員與廣播來賓，老實說，他們學了很多技巧，也貢獻許多智慧，儘管沒有承諾要提供舞台，但我就是覺得，對於學員與來賓的成敗，我有責任。雖然餐廳是我的工作組合事業中，最不賺錢的公司，卻帶給我比錢更大的快感與成就感。

這個案子讓我深刻體會到，什麼叫做對學員、來賓好，對觀眾好，對餐廳好，最後不小心對我也好的槓桿，新任助理賦權賦能的練兵，找到不用很偉大卻很清晰的初衷，發揮創新的組合，最後必能達到綜效。全世界最好的工作型態，這就是它清晰的樣貌。

	L	E	W	I	S
夢想實憲家演講與社群活動	電台擔任主持人多年，希望結合線上與線下的人脈	我的助理在任職前，展現最讓我讚賞的行政能力，配合蔡湘鈴與莊舒涵兩位的細心與創意	引人潮至餐廳，強化憲福優秀選手線下平台	每場三位來賓的組合很有亮點，能夠互補，也有差異性	線上線下整合，電影與演講交叉運用，讓廣播來賓與演講學員，多了一個平台可以宣傳理念與新書

19 勇敢翻轉人生的最後一哩路

一旦工作本身被賦予價值感，所有的努力，都將特別有意義。

時間：二〇一七至二〇一九年

地點：企業訓練場地

三方：憲哥、受贊助對象——拔河隊與偏鄉棒球隊、企業學員與訓練單位

關卡：有人想要聽這演講嗎？我上課一直很辛苦，怎樣才能比較不辛苦？

二〇一六年九月，我隨同景美台師大拔河聯隊，遠赴瑞典馬爾摩參加世界盃室外拔河賽，比賽的精采與動人，以及我與景美台師大拔河聯隊的緣分，在這裡先跳過。

返國後，一直被自己這股熱血給感染著，無論我做什麼事，都感覺動力無窮，積極向上，是不是很棒？我根本不曉得我到底中了什麼邪，開口閉口都是拔河！？

直到當年底，新竹的夥伴 Tracy 打電話給我，說有一家新竹的老客戶邀請我去演講，而且希望是新題目。當時我大腦浮現出來的第一個演講主題，就是這段在三個月前才剛發生的世界盃拔河賽紀實。

徵得客戶同意，我如願在當年十二月底的最後一週，發表了一場現在想起來都還會偷笑的演講「翻轉人生的最後一哩路」。我精簡地用五個扼要明確的段落，來表達我這段時間所看到的拔河隊。用她們的故事，鼓勵該公司各級主管，運用「堅持到底，永不放手，心中有愛，夢想到手」的拔河精神。而這股精神，正是翻轉繩力女孩們甚或是科技業的現況，並能成功翻轉你我命運的最後一哩路。

這五個段落分別是：緣起、比賽、回程、翻轉、堅持。

講到連自己都感動

演講很精彩，我心中的波濤更是精彩。我在心裡面默默許下一個願望：我要把這個演講所傳達的精神，還有台灣在險惡的國際局勢下，發揮微小影響力的運動故事，讓更多人知道。而且我想要把演講所得的十％，用來捐助棒球或拔河運動相關的人事物。

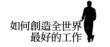

起心動念是好的，結果就會是好的。

我想跟大家分享，為何我要提撥部分金額捐助運動項目？

理由很簡單，我們企業演講的收入很高，我收取全部費用也沒有問題，但一直演講、一直上課是很容易累，也很容易麻痺的。一旦感到麻痺，所有的演講或努力，都會變得不知為何而戰與自我懷疑。因此，若是每一場演講的背後都有一個美好的起心動念，比如每場捐助五千至八千元（十%）給指定單位，我都會覺得我的努力很有意義。

這就是價值感，一旦工作本身被賦予價值感，所有的努力，都將特別有意義。於是，我從二〇一七年到二〇一九年的短短三年間，以同樣的主題做了三十五場演講，所有的演講收入超過一百五十萬元。這種三贏模式最大的好處是：企業對我的演講費既不會也不忍心殺價。

其中最特別的一場，應該就屬二〇一七年四月六日，我所代言的羅技簡報筆（Logitech Spotlight）產品發表會的這一場演講。我用這枝全新的簡報筆，進行全新的演講，面對台下三百多位付費觀眾嘖嘖稱奇的讚歎聲，內心的欣喜與驚恐，不言可喻。

這些企業與特別演講收入的十%，加上我自己額外提撥的比例，這三年光是運動捐款就有幾十萬。受贈單位包括中華職棒球員工會回饋偏鄉列車活動、偏鄉棒球隊購買棒球、景美女中拔河隊的消夜餐食費等等。最重要的一筆是二〇一九年年底我自掏腰包捐助的「郭昇復健基金」。

景美女中拔河隊教練郭昇，於二〇一八年七月間，在武嶺進行鐵人三項自主訓練的自行車活動中，被酒駕者追撞，造成下半身癱瘓。事情發生時，學校沒對外公布，直到八月，拔河隊長打電話給我，我才知道事態不妙。

第一次去林口長庚醫院探望郭昇時，從一開始的強顏歡笑，到最後跟郭昇兩人一起掉眼淚，我心想：哭出來也好，我希望他可以笑著走出醫院。

在病房外，我跟景美女中黃校長聊了許多，並且擔下幫郭昇募款的重責大任。同年九月份，透過葉丙成老師、王永福老師、林明樟老師、周碩倫老師、呂淑蓮老師的大力幫忙，我們成功號召兩百多位觀眾參與「職人精神」演講。演講前不讓大家知道郭昇教練的事，直到演講最後一刻，我們才對外公布「演講所得所有老師分文不取，所產生的稅賦，由我們幾家公司共同依比例負擔。演講所得加

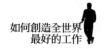

上額外捐款，總數高達新台幣五十八萬餘元，全數捐贈郭昇教練復健基金。」

意外人生的插曲

我現在寫到這一段還會頭皮發麻。

二〇一八年十二月還發生一段美麗的插曲：

我知道郭佬（郭昇的暱稱）是台南人，當時正在發行《後勁：王建民》這部紀錄片與新書的王建民也是台南人。當我在看《後勁：王建民》這部電影與新書時，看見王建民在肩傷復健過程中痛苦至極的情狀，以及他最後竟然能夠在二〇一六年再狂得六勝，展現海底撈月的霸氣奇蹟與功勳。顯然，建仔身邊的家人、好友與復健師，都是幫助建仔成功的關鍵。於是，我動了邀請王建民到醫院給郭佬打氣的念頭。

一開始興起這念頭的時候，我覺得荒謬至極，心想：哪有可能？但是，當最後真的促成此事後，我終於能體會什麼叫作「當你真心想做一件事時，全宇宙都會來幫助你」。

當我在同年十二月十八日的生日演講上把這個念頭跟

大家說時，好朋友李明倫說他可以幫忙促成。天啊！真的嗎？

過程我就不多提了。最後，王建民在同年十二月二十八日上午，從台南開車北上，於下午兩點戴著口罩出現在桃園長庚醫院。我與建仔，連同明倫與建仔的經紀人，一起走進病房看看郭昇。我可以看得出來郭佬眼中閃耀的欣喜之情，以及郭媽媽對於同為台南人的偶像出現時所散發的驚訝之情，連同病房的護理師與吳易澄醫師，都激起不小的騷動與火花。

不過王建民也是平凡人，平凡人訴說自己復健過程時的辛酸與痛苦，加上身為公眾人物的壓力。我們在旁邊聽他們談話，除了感動萬分外，更是體認了身體健康的美好。此外，心裡也嘀咕著等下能不能要求簽名合照！？最後，王建民來者不拒，親和至極。

我在景美台師大拔河隊上花了不少時間，看似付出很多，其實得到最多的人正是我。謝謝這段因緣帶給我所有的智慧、學習與人生體驗。

郭佬在最需要幫忙的時候，我到醫院跟學校一共探望他十四次，我自己也得到很多力量。繩力女孩們因為教練

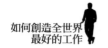

受傷所展現出的自律，也讓我好生佩服。更重要的是，所有參與演講的老師與聽眾、捐款的社會大眾、幫忙聯繫建仔的好友、聽演講的企業學員等等，都能感覺幫助他人是一件非常美好的事。

在此，我還要特別謝謝蔡三雄牧師，及我們的好朋友鄭正一先生，為郭教練奔走保險理賠事宜。此外，在此特別向所有在過程中關心他的朋友與聆聽演講的聽眾致謝，並祝福郭佬早日康復，也祝福柔鈞老師（郭太太）及郭媽媽身體健康。

LEWIS 原則的運用分析

「郭昇的事就是我的事」，這是他出事以後，我在十四次探病過程中，某次跟他所說過的話。

其實演講很累，要讓自己沒這麼累，就必須找到這工作背後的價值，也就是找到理由，知道為什麼。我利用自己的強項：企業內訓發揮槓桿功效，運用創新組合，最後達成客戶滿意，受贈者滿意，我也滿意，甚至還有回購的機會。

我沒辦法稱自己是大善人，但我絕對是好心人，聽過的朋友都知道這系列演講的有趣與勵志，深度與廣度。

捐款，一定要確實兌現承諾，說到卻沒做到，會遭天譴。

	L	E	W	I	S
翻轉人生的最後一哩路企業專題演講	親身經驗遠赴歐洲的故事與報導，期待可以發揚光大	我會有一份説帖，讓企業演講承辦人，在説服企業高層接受演講提議時使用	我純粹想幫助景美拔河隊，沒想到最後卻幫到我自己走出另一條演講的路	演講收入的十%捐助拔河與棒球團體	演講越接越多，當然也不會有企業的殺價行為

20 滴水穿石的人生逆轉勝

有問題就克服吧。

時間：二〇一五年六月三十日晚間七時至九時三十分

地點：張榮發國際會議中心

四方：憲哥、優秀學員、四個受贊助單位、聽眾

關卡：受贈單位代表不擅長演講

二〇一四至二〇一五年，連續兩屆的超級簡報力課程，每班都有二十位同學，前六名有資格可以選擇教練做後續指導，而這兩個班的第三名與第六名都選擇了我，讓我多了四位傑出的女徒弟。她們是第一屆的林芷誼、蔡湘鈴；第二屆的王櫻憓、莊舒涵。與其說我們是師徒關係，倒不如用朋友關係來形容比較貼切。我不喜歡大家有尊卑之分，我們之間的關係，到今天為止一直都很好。

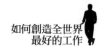

我常常在想，她們選擇跟著我繼續學習，我總是要為

她們做些什麼吧？

開創新的舞台

由於當時主持環宇電台的「憲上充電站」節目已經有兩年半，一個突發奇想的念頭，在我心中萌芽：我時常訪問一些弱勢團體，節目中除了幫他們發聲以外，其實我能做的事情不太多。但我又時常想要為這個社會，或是為這群比較需要幫助的弱勢朋友們做點什麼。「與其給他們魚，不如教他們釣魚」，既然我們的專長是演講，不如就先從教他們演講開始吧！

被我選中的四個團體，以及我分配給他們的子弟兵輔導員，配置如下：

社福團體或被協助單位	負責人
景美台師大拔河聯隊	林芷誼——醫美品牌行銷講師
罕見疾病基金會——巫爸一家	蔡湘鈴——企業講師
中華民國身障棒球隊	王櫻憓——出版社行銷總監
腦麻協會——馬術治療	莊舒涵——企業講師

這四組隊伍都上過我的廣播節目，我對他們的問題與需要幫助的點都十分清楚，但礙於我們能力有限，我初步

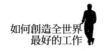

的想法就只是指導他們面對群眾，講出自己的故事，讓自身故事被更多人看見，進而在社會上尋求更多資源。沒有多偉大的目標，很單純，就是想幫助他們。

這四位女同學都很有愛心，加上受過口說能力的訓練，表達與現場反應都很有一套，只不過在教學技巧或是工作指導上可能還需要稍微惡補一下。活動開辦前，我請她們吃個便飯，也把我對於活動的期許向她們說明，接下來就展開任務分配。

待工作分派下去之後，才發現問題還真不少，分別有：

社福團體或被協助單位	當時所遭遇問題
景美台師大拔河聯隊	熱情無比，但公眾表達能力有限
罕見疾病基金——巫爸一家	本身非常具有故事性，且各項能力都好
中華民國身障棒球隊	棒球現場表演可能比口說能力更好
腦麻協會——馬術治療	參與意願不確定，對於公眾表達缺乏自信

有問題就克服吧。

芷誼跟我說，她跑了幾次景美女中，跟她們溝通人生逆轉勝現場所要呈現的感覺。我們也尊重她們不想編太多不切實際、太灑狗血的故事，再加上是團隊比賽，也非個人英雄。因此，最後決定改由林芷誼擔任現場訪問工作，讓教練與隊員們自然而然說出她們心中真實的聲音即可。

巫錦輝（巫爸）一家人的故事很棒，後來還拍成《一首搖滾上月球》紀錄片，甚至得到當年金馬獎最佳紀錄片的殊榮。湘鈴成功地扮演了引導者的角色，讓巫爸當天有極佳的演說表現。二〇一五年六月三十日演講當天，巫爸還邀請齊柏林導演出席，這是我第二次近距離見到齊柏林導演（第一次是《看見台灣》在中正紀念堂自由廣場的首映會）。

王櫻憓帶領的是中華民國棒球身障協會。我曾在二〇一四年十月親赴日本參觀世界盃比賽，非常清楚他們的故事。櫻憓用的方法很棒，她先讓其中兩位隊友發表短講，接著讓幾組球員上場做棒球拋接動作。對一般人而言，這些動作或許容易，但對一位無法站立、一位小兒痲痺的接傳球員來說，肯定是難上加難。然而，他們當天的拋接動作做得出奇得好，現場兩百位觀眾無不嘖嘖稱奇。

莊舒涵（卡姊）負責帶領一位患有腦性痲痺的馬術參賽者。這是一個透過馬術運動治療腦性痲痺的組織，帶領這一組困難重重，患者的表達能力是問題、參與意願也是問題。最後透過教練及卡姊的雙重輔導，甚至還請出國外

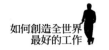

的馬術教練動之以情，才成功說服講者站上台。看著講者用不太流利的語言陳述著自己的故事，令我十分動容。活動結束時，我拍著卡姊的肩膀告訴她：「妳真的做得很好！」

子弟兵躍升大將

活動結束那一刻，我們五位都鬆了一口氣，因為我們合力完成了一個不可能的任務。說實在，其實這也沒什麼了不起，只不過就是兩百位觀眾，每位負擔一千元入場費的演講活動，但卻意義非凡。在這場活動中，我們募得二十萬元，場地及所有行政開銷由我個人負擔。最後，我們把募得的款項平均拆成四份，讓每個團體分得五萬元。其實這金額不高，要我一個人贊助二十萬也行，但這意義，絕對沒有我們這樣安排來得好，原因很簡單：

1. 團體成員受到演講訓練，這個機會比我們直接捐款給他們更寶貴。
2. 對於現場兩百位觀眾而言，只要負擔少少的一千元，就能聽到四組精彩的生命逆轉故事，的確難得且無價。更重要的是，每個人都會覺得自己對這四個團體是有貢獻的，參與感與歸屬感勝過一切。

3. 這個活動成功創造一個平台，給這四位女將一個服務他人的機會，比我們去大吃大喝、高談闊論人生道理更有意義。

我在這四位女將的後續安排與積極培育上，花了不少心思。一方面不希望她們互相競爭，或是產生排擠；二方面還要依照她們的專長，給予適當的表現機會，真的是煞費苦心。最後，我分別幫她們創造了幾個舞台，讓她們一展長才：

林芷誼：二〇一五年一月，擔任我的新書發表會「40-50-60-70 論壇」與談嘉賓，與何飛鵬執行長、鄭均祥先生、李佳諭小姐和我同台，一起討論職場議題。

蔡湘鈴：我多次帶領她進入企業看我上課，並在憲福育創為她開了「情境銷售力」、「媽媽 MBA」（感謝張怡婷小姐賜名）、「輔導員技巧」等課程。

王櫻憓：與我在環宇電台一同主持「王牌憲櫻勤」節目，半年後讓她單飛至今，是一位很棒的主持人。

莊舒涵：多次帶領她進入企業內訓殿堂，近距離看我上課與演講，協助她開設憲福育創的長青課程「出色溝通

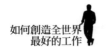

力」。她的兩本新書推薦序，也是我親手幫她寫的。

我希望她們都能比我更好。我並不求回報，如果可以的話，請我喝一杯咖啡，只要她們可以好好相處，不要相互計較就好。

後面開展的「憲福講私塾」課程，我多了翁甄蔚老師、周鉦翔老師、林佑穗老師、江守智老師、陳本宗老師等五位老師加入門下，謝謝您們選擇了我這個朋友。

LEWIS 原則的運用分析

首先，要相信自己用的人，並且充分授權，提供所需的協助，持續鼓勵與支持，確認進度，這點很重要，尤其因為彼此之間沒有任何主管與部屬的關係，互信，絕對是關鍵。

一個人捐幾十萬沒什麼了不起，能集合一群人共同努力的槓桿效應很了不起。

身心障礙者不需要社會的同情，如果可以協助他們提升能力，他們會感激在心，但身心障礙者也要自立自強，天助自助者。

我有很棒的頭腦，想法也很多，我總是可以將創意，加上一些效益，變成創新的養分，這一點我很自豪，前提是：要有人可以搭配，千萬不能單打獨鬥，這年頭單打獨鬥，除了目的是造神，我想不出其他描述了。

在此勉勵所有學習演講的朋友，您們的專業與麥克風，加上強大的信念，絕對可以改變世界，就算不能改變世界，也能讓周圍的人，過得更好。

	L	E	W	I	S
滴水穿石的人生逆轉勝專題演講	用我演講的強項，去改變需要幫助團體的弱項，培養他們未來能有演講與公開論述的實力	請出我的四大弟子協助受助對象，指導他們演講的技巧	與其釣魚給他們吃，不如教會他們釣魚	場地行政費我出，演講全數收入，平均捐助給四個團體	讓受到簡報與演講訓練的學員有舞台，需要幫助的人可以學會技能，憲哥的平台可以充分展現綜效

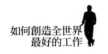

21 TED高人氣講者 × 企業內訓 × 說出影響力

當我看到不公不義的事情時，如果我什麼事都不能做，我連抱怨都不會，因為抱怨也沒有用。如果我什麼事都不能做，我就會選擇閉嘴，除非我還可以做些什麼。

時間：二〇一七至二〇一九年

地點：企業訓練教室

四方：憲哥、TED講者、企業、學員

關卡：企業接受程度、費用預算變高

人與人的緣分很奇妙，來得早不如來得巧。

原先憲福育創希望以培養企業內訓講師為主的定位，在以下這三位學員出現之後，產生了化學變化。讓我以認識他們的先後次序，來談談這三個人：

展露鋒芒的新星

吳淋禎，台中澄清醫院護理長，一位看似一輩子不會跟我有關聯的人，在二〇一五年七月環宇電台所舉辦的領袖崛起（後來定位為「說出影響力」零班）課程中，與我相遇。她在課堂中訴說與病患黃伯伯及其夫人的相處經驗，令人極其動容。當天雖未如願奪下第一，但她所述說的故事早已擄獲人心。後來，她在「說出影響力」六班回訓中捲土重來，在睽違兩年多後，奪下冠軍。

二〇一七年初，在我所舉辦的滴水穿石講師聯誼會中，她又再次講了這個故事，且故事結構更昇華，技巧更純熟，呈現方式更自然。她就是那種明明已將故事說了很多遍，但再次聆聽，還是會讓人潸然淚下的說故事者。活動結束後，我在教室後方拍了拍她的肩膀，鼓勵她可以上TED說出自己的想法與故事，勇敢為全台護理師發聲。

二〇一七年五月，她登上TED X Taipei講台。我坐在台下，看著全場五百多人為她喝采。她獲得四次如雷的掌聲，其中兩次，穿插在九分鐘演講的中段高潮。穿著白色護理師制服的她站在台上，比任何人都美，我很為她感到高興與驕傲。

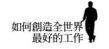

余懷瑾，人稱仙女老師，是萬芳高中國文老師。二〇一五年六月，在我與大人學合辦的「成功者絕口不提的人生選擇」演講中，她第一次見到我，但她當時並沒有跟我打招呼。第二次，她繞了大半個台灣，遠赴花蓮門諾醫院，聽我跟福哥的聯合演講。這一次，我們拍了第一張合影，那時我才知道她的身分與職業，以及另一個更特殊的角色——身心障礙者的母親。

二〇一六年五月，她是我「說出影響力」二班的冠軍高材生。同年中，她以霸凌為題，訴說著她與孩子間的故事，藉以引導大家思考，我們為何可以接受孩子與身心障礙者同班，卻不願接受自己的孩子是身心障礙者？我們如何與身心障礙者相處，以及如何避免我們對身心障礙者時常做出似有若無的霸凌行為？

她的服裝迷人，笑容甜美，站上台明顯就是美女老師，但沒有人知道在這光鮮亮麗背後的故事，卻是如此的人生深淵。

朱為民，台中榮民總醫院家醫科醫師，同時擁有多張醫學證照，最為人所津津樂道的是他的安寧緩和專科醫師這個身分。

二〇一五年十二月，在我四十七歲「練習改變」的生日演講上，同時也是《說出影響力》、《教出好幫手》出版三至四年後重新改版發行的大日子中，他買了張演講票，從台中特地搭高鐵北上，安靜地坐在後方聆聽我的演講。據他說，全場的一百四十人，他一個人都不認識，只是單純想來聽我的演講，演講結束後，他又獨自一人搭高鐵回台中。他說，看到我在教室裡跟聽眾一直拍照聊天，覺得我們像是邪教，瘋狂無比。我可以理解他心中的寂寞，因為即使他心中被演講激盪出再多感受，卻說不出來，也沒人可以說。

二〇一六年三月，他報名參加了憲福育創成立後的「說出影響力」第一班，拿下亞軍殊榮。我在教室裡面看到他的演說潛力，他不虛假，很真實，很單純，技法不多，卻刻劃得很深。我自己非常欣賞他，印象中過去有三次聽他演講聽到老淚縱橫！

二〇一六年六月，他以安寧緩和為題，用自己與父親的故事為主幹，成功地傳達了他極力想在台灣推動的安寧緩和照護議題。與余懷瑾皆成功登上當年 TED X Taipei 的

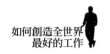

舞台，我參加了 Open Mic.，很為他們兩位感到光榮與欣喜。年會當天因為我人在瑞典參加世界盃拔河賽，因此請福哥代替我向他們兩位英雄致意。

他們三位的成就，我沒有任何理由獨享，說穿了，我最多也只貢獻了十%的力量。事實上，過程中還有很多人給他們幫助，是他們的專業，加上勇敢，最後輔以一點技巧與豐厚的生命體驗，造就了他們今天在網路世界留下了三部被多人瀏覽、傳頌的影片，並且獲得專業地位的莫大肯定。

當責思維，化陰暗為陽光

我常會問自己：「上了 TED 又怎樣？然後呢？」但我從來沒有告訴過他們三位，這是我心裡的想法。即使上了 TED，醫師、護理師還是醫師、護理師，老師也還是老師。老實說，會改變的就是會改變，改變不了的還是改變不了，然後呢？

其實我自己心裡面，還是有那種陰暗的角落，一個不為人知的角落。但我自己最大的好處是「陰暗不會太久，陽光終究能普照」。我的思想總是「就算世界不能改變，霸凌依舊存在，醫療暴力依然存在，安寧緩和推動仍有阻力，面對這些事實，我可以做什麼？」

「當責」（Accountability）的思維就在我的大腦裡，從來不曾離開。當我看到不公不義的事情時，如果我什麼事都不能做，我就連抱怨都不會做，因為抱怨也沒有用。如果我什麼事都不能做，我就會選擇閉嘴，除非我還可以做些什麼。

此時，新的想法就出現了。我有平台，我有企業內訓，我有優質企業的認可，我有職場訓練的一點影響力。我當時面對的問題有兩個，其一是，TED 優秀學員能有更大的舞台、更大的影響力嗎？其二是，企業內訓學員上了一天的「說出影響力」課程，然後呢？如果沒有太多機會練習，這樣好嗎？

於是，我只做了一件事：說服企業購買兩天的「說出影響力」進階課程方案，取代一天的陽春方案。然後我帶著三位 TED 講者進到企業擔任幕後助手，讓他們利用工作之餘，離線在家輔導職場工作者，用分組競賽的方式，讓他們在第一天課程上完後，有三到四週的演練與切磋時間。而這三位高人氣的 TED 輔導老師，則分別率領他們

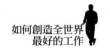

自行從各組挑選出的「說出影響力」優秀學員，成立輔導團隊，幫助企業優秀員工成長。此舉不僅讓輔導老師們可以接觸陌生的企業環境，理解他們圈子外的產業發展，進而磨練輔導技術，還可以養成自己在「說出影響力」社群的輔導班底。

至於他們三位的助手，也可以跟著三位講者參與實際輔導經驗，擴大自己的視野。對於企業內訓學員而言，整個課程將更超值，因為，連陪伴者都是大神的課程去哪裡找？當然，對企業內訓的承辦人而言，多負擔的交通預算，所產生的成效卻是好幾倍的回收，這就是我的三贏思維。

而且，我把他們都當自己員工來照顧。我幫他們額外申請助教費與交通費，並在課程結束三天之內，直接匯給他們。至於我個人，除了講師費之外，分文未取，因為，只有得到他們的信任，我們的合作才會長久。

在此，謝謝新光人壽菁英班（感謝言果學習）、安達人壽內部講師班（感謝許志騰協理）、信義房屋傑店班、傑太日煙、安富利科技、雀巢、費森尤斯、安永會計師事務所等公司的信任，以及對輔導方案的支持與投入。

尤其是新光人壽、安達人壽、信義房屋等三家企業，我們引進優質輔導系統進入企業，不僅幫助課程更有價值地執行，最重要的是，學員可以有更好的公開表現。他們無論是在大型招募演講、通路說明會，或是全國傑出店長選拔，都有極優異的成績。這也證明了一件事：投入越多，收穫越多。而且，只要高階主管願意支持，效果都特別的好。

LEWIS 原則的運用分析

得天下英才而教之，是我身為講師最大的成就感之一，這三位都是英才，我真的很幸運。

也許有人會認為，上 TED 也沒甚麼了不起，但是過了這麼多年，還能影響這麼多人，就很了不起了，尤其是影響力深入優質企業中，他們三位是舉起關鍵改變的槓桿力量。

在指導的過程中，我會賦予三位充分的權力與責任，而默契則需要慢慢培養，找到借力使力的綜效支點，不僅對三位關鍵學員有利，對企業學員有利，不小心也讓我開發出新的運課模型。

我有企業舞台與需求，他們有專業素養與優異的表達

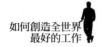

能力，更重要的是耐心，還要有夜晚聽學員錄音檔與改稿的體力，促使這個專案的成功。

	L	E	W	I	S
企業版的說出影響力	TED 講者藉力使力，創造更高、更大的舞台	賦予三位講者帶領學員的權力與責任，並且培養他們帶領輔導組織的實力	TED 以後呢？是我常想到的問題，如此優異的講者，我不想他們在這裡止步	三階段報價，不勉強客戶接受，能接受的客戶，全力協助他們員工更進階	我的優異學員有舞台，課程型態更多元、有深度，學員有機會進步，更上一層樓

22 永遠都需要改變的勇氣

沒有太多商業目的，反而會達成意想不到的巨大目的。

時間：二〇一六年四月二十五日至二十九日連續五場，每天晚上七點至九點半

地點：台北、台北、花蓮、台南、台中五場千人演講接力大挑戰

三方：憲福育創、慈善團體、分布在全國的潛在學員、聽眾與讀者

關卡：動員聽眾購票的能力、千人售票的能力、名人站台的意願

憲福育創於二〇一五年九月正式登記成立，成立之後，很快便展開「憲福講私塾」、「專業簡報力」、「說出影響力」、「寫出影響力」等四大課程。老實說，一開始我也沒想到會這麼成功，我認為我們成功的關鍵在於福

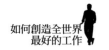

哥精準的簡報與專業表現，還有他的授課能力。此外，透過一次次的活動，我跟他培養出來的合作默契，也順勢帶動助理 Ariel 以及後勤 Tracy 團隊的屢次向上與進化。而我在團隊中就扮演催化劑、串聯內外活動資源的牽線者，以及帶頭作戰的將軍。

老天爺給我們如此幸運的環境，但容我說一句屁話：「如果真是這樣，那還需要做什麼嗎？」

面對問題，尋找解答

公司成立半年後，我們發現了兩個問題：

1. 我們原先可以碰觸高端學習簡報、演講、教學、寫作的學員，很快就會全部出籠，消耗殆盡。加上我們培養出很多其他領域的講師，他們該如何找到潛在的學習者？我們如何幫助剛開始授課的講師提高知名度？憲福育創的下一步是什麼？
2. 我做業務這麼久，深知公司的業務漏斗（funnel）開口一定要夠大，不能只靠熟客的道理。若是沒有陌生開發的能力，等到彈盡援絕之時，公司就會面臨經營問題。對於都是業務工作者出身的憲、福兩人而言，該如何面對下一步？曇花一現的後果我們非常清楚。

正因為這兩個問題，我們開始思考我們的核心能力是什麼？演講、簡報、授課、業務行銷，沒了。也夠了。

透過幾次腦力激盪，我向福哥提出了「改變的勇氣」全國巡迴演講的念頭，很快就獲得他的支持。其實我倆的合作默契，就是在這樣一次一次的討論當中激盪出來的。

事情一說定，我們立刻選定了日期，敲定了場地，決定好報名文案與網站，至於稅賦負擔、刷卡機制等等，都要感謝後勤總管淑蓮以及助理鈺淨的大力協助，此外還要感謝默默幫助我們的憲福講私塾學員。

接下來我們遇到一個問題：如果沒有名人站台，有辦法達成全滿紀錄嗎？光靠憲福二人，能動員五場千人滿場嗎？為了解決這個問題，我跟福哥馬上分配工作，列出名單。由於我在廣播節目擔任主持工作，平時人脈也較廣，大多數的來賓都是我一位一位去電聯繫，他們也都很爽快答應。至於名單中首位殺手級武器——葉丙成老師，則是福哥去聯絡，這也是我第一次跟葉老師同台。

於是，我們排列出葉丙成老師、何飛鵬執行長、胡杰

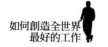

先生、何厚華老師、許皓宜老師等五位名人組合，依序加上人稱艾兒莎的曾湘雲小姐、旅遊部落客工程師吳孟霖先生、特力屋訓練學院主管洪昌輝老師、金鐘最佳行腳節目主持人吳鳳先生的夫人陳錦玉小姐、運動視界站長楊東遠先生、車神娜娜陳茹芬小姐、連續創業家與知名財報講師林明樟老師、身障勵志演說家張雅如小姐、台北醫學大學教授林佑穗老師、身障勵志演說家呂立偉先生（以上依照出場序排列），連同憲福二人，加上後勤補給團隊、微電影協會的秘書長賴麗雪小姐，以及導演團隊共同組成的拍攝錄影團隊等，浩浩蕩蕩一行人，分成五站，接力完成五場超過一千兩百位聽眾參加，募款超過一百三十萬元的「改變的勇氣」全國巡迴演講。所募得的善款，分別捐助台北場的罕見疾病基金會、關愛之家；台中場捐助育幼院；花蓮場為門諾醫院；台南場為劉大潭基金會等五個慈善團體。

這個系列活動除了時間緊湊、來賓講述能力未知、票房很難捉摸、後勤團隊體力負荷極大之外，我覺得最大的考驗就是花蓮場。

挑戰迎面而來

我曾經收到一封信，信中說：「為什麼這個演講不考慮新竹、高雄兩地，而去花蓮？」

在花蓮舉辦演講雖然比較有難度，但唯有加上這個地點，才能夠說是全國「巡迴」。除此之外，重點應該是門諾醫院連竟堯主任的熱情邀請。但熱情歸熱情，巡迴歸巡迴，當台北兩場開出四百張門票收入，預期台南與台中應該也可以達到合計四百張門票的收入，但直到活動前一週，花蓮僅售出六十多張門票，而花蓮場地可以容納三百五十位觀眾，光想到那畫面，就令我不寒而慄。

「反正錢又不是放進自己口袋，連交通住宿都是講者與憲福自付，人少就人少啊，換個場地就好？」有人提出這個建議，但我跟福哥是不會被打倒的。此外，我們也在思索一個問題：如果票價下降，可以多吸引些人來嗎？

我跟福哥最常討論的問題是：究竟是便宜的票好賣？還是貴的票好賣？福哥的論點是：我們到底是要門票收入？還是要人滿？我們最終的結論是「人滿！」

那就對了。但是，如果花蓮降價，票價只有西部的三

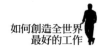

分之一，對花蓮人當然是好的，但花蓮鄉親會怎麼想？會不會有人認為花蓮人就是做不起公益，就是沒辦法負擔一般票價，文化沙漠……。

我心中盤算著所有可能的負面聲音，很困擾，也很多慮。反正這就是一個純慈善活動，我們不但沒有收益，而且還自掏腰包支付旅費，隨便別人怎麼想，反正辦活動就是這樣，每一次都是學習，也是成長。最重要的是，我不是一個人，我有福哥、淑蓮、鈺淨可以一起討論。

我們的結論是：活動票價絕不調整，但因應花蓮場地的特性，我們決定購票一張，三人進場；一人買票，三人受惠；一人付錢，三人愛心。現場不對號，自由入座。

文案一改，一週內二百五十席立即達標，剩餘的空位，則用紅龍圍上，面子裡子都足夠了。更讓我感動的是，有一位不具名的花蓮鄉親，隔天捐助了新台幣十萬元，幫助門諾醫院購買電動病床。

就這樣，連續五個晚上，最終結算超過一千二百位聽眾，募款達到一百三十萬元的大型活動，就在憲福育創成立半年後，圓滿落幕，也讓我們公司有了一個新的里程碑。

不一樣，卻很一致

這個活動連續舉辦五天，可以一直抓住臉書上眾人的眼球與關心。活動中還有一個重要花絮，是福哥想到的創意，即是「憲福用錢投票的 PK 大賽」。我們在每一個演講會場放一個募款箱，讓聽眾票選，到底是憲哥講得好？還是福哥講得好？如果認為憲哥好，就將錢投在憲哥的箱子中，金額不限；如果認為福哥講得好，就投福哥。在這場 P K 賽中，第一場我贏，第二場福哥贏，第三場福哥贏，第四場我扳回一城，第五場無論誰贏，都是觀眾贏，都是受贈單位贏。您知道嗎？大家很愛看憲福 PK，這是我們的體會，也是兩人合組公司最大的好處，「雖不一樣，卻很一致」。

每一場演講結束之後，我們都會錄影開箱，記錄現場現金善款總額，拍照存證後才離開，隔天立刻公布金額，取得信任。結果募款金額就這樣一場比一場高，到達台中場，一場演講，現場現金募集就超過二十萬元，終場達到最高潮收尾。

這個活動對我們的意義是：

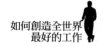

1. 善心不落人後，小企業，也能有大貢獻。我們的小小善款所激起的漣漪，無法想像。
2. 「改變的勇氣」選題得當，緊抓住大家對個人改變議題的偏好，也打中台灣民眾渴望改變的心。
3. 這次的活動使我對所有講者有更深的認識，每一次的同台，都是一個碰撞的契機。
4. 這是一次對憲福動員能力的測試，結果令我們很滿意。
5. 最重要的是，我們開發了潛在的學員，打響憲福育創的全國知名度。
6. 尤其是花蓮門諾醫院連主任、台中竹君與孟修團隊、台南成大醫師團隊幫我們處理三地的場地聯繫問題，以及北中南東各地幫我們動員學員參加的朋友，這一點，讓我們很感動。
7. 這場活動的重點不僅是慈善，也不僅是憲福二人，而是講者所帶來的演講內容以及學習機會，讓大家願意付錢。至於 PK 賽、全台串聯以及慈善意義則是附加價值。我擔心大家搞錯，因為光慈善意義，是吸引不了人來參加的，大家都會思考，當我付了錢之後會得到什麼，這才是活動成功的關鍵。講者很重要，我跟福哥還有其他知名講者，當然也很認真準備高含金量與壓縮的內容。

在此我想提一件事，除了憲福二人與工作團隊外，莊舒涵與汪士瑋兩位老師全程參加五場。此外還有一位女性聽眾，雖然我忘了她的名字，卻清楚記得她的長相，這件事讓我很感恩，我在心中銘記了四年，在這裡特別表達我的感謝之意。

LEWIS 原則的運用分析

試試看，小公司也可以做到三贏，「沒有太多商業目的，反而會達成意想不到的巨大目的。」

我相信講者，相信各地的工作夥伴，我們之間沒有從屬關係，大家願意支持活動，都是基於內心想要付出的初衷，有福同享，有難憲福來擔。

與其去問每位來賓要講什麼，不如一開始就讓每位來賓有些許壓力，許多名人都有一個習慣：你厲害，我要比你更強，只是往往都不說出來罷了。

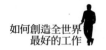

我常有跟名人同台的機會，有沒有料，上台一講就知道了。不必刻意炫技，真誠加上大量練習，每個人都有登上大舞台的潛能。

	L	E	W	I	S
改變的勇氣全國巡迴演講	用既有憲福分布全國的學員，串起極大動能	對於我所有請的每一位來賓，我都會相信他們能夠做出最棒的演講呈現	憲福的學員總有枯竭的一天	演講收入全部捐出，現場憲福兩人連續五場的現金贊助 PK 賽，成功引爆話題	對於憲福育創在成立第一年擴大知名度，很有幫助，也順勢演練分布在全國的學員的演講動員實力

23 知識型網紅私塾教練班

網路觀看者的特性，贏家通吃。

時間：二〇一九年七月至十月

地點：教室與 SmartM 攝影棚

三方：憲福專業演講學員、SmartM 大大學院、憲福育創

關卡：專業呈現與市場接受度、商業發展的可能性、尋找更多網路大大

我有兩百多位「說出影響力」演講班的學員，我總是盡可能幫他們找尋發聲的舞台與管道。只要是表現名列前茅的學員，或是故事很精采，但演講技術不純熟，還需要磨練的同學，我都願意協助。

過去四年，除了「夢想實憲家」演講平台、四個廣播節目專訪平台、跟我一起到企業觀摩內訓的演講實戰現場外，「知識型網紅私塾教練班」，是我最感欣慰與開心、

最經典的課程之一。

我在影音事業上的獲利，老實說超過我的預期，除了非常謝謝 SmartM 大大學院執行長許景泰先生（Jerry）團隊的幫忙以外，我自己也付出了很多的苦心。從二〇一五年所做出的一個原型「憲場觀點」開始，一直到後面的八檔節目，雖然不敢講每一檔都大獲好評，但是衝刺後，有高達八十九％的節目能獲得一千五百名以上讀者的訂閱，讓我感到很欣慰。

同時，這也讓我思考到以下幾個問題：我可以拉拔其他學員跟著我一起做嗎？憲福育創還能嘗試其他的全新課程嗎？我們發了三十多張可以讓頂級顧客免費上課的 VIP 黑卡，問題是我們有沒有新課程可以讓他們上？這些都是我下一階段想要做的事。

於是這個課程的想法與雛形，就這樣展開，也因為這個課，一次解決上面的三個問題。

影音事業闖先鋒

我觀察到一個現象，我們有許多學員的演講技術都很好。但事實上，尤其日常生活中，傳遞專業訊息不一定非要靠演講不可，影音才是主流。若能在影音平台上占有一席之地，用影音來傳遞專業知識，幫自己額外創造一點點獲利，那就更好了。再加上 Jerry 時常在聊天時問我，還有沒有其他大大講者可以介紹給他，因此三方合作的藍圖就這樣慢慢浮現了。

我對兩百多位「說出影響力」的學員發出通知，告訴他們，有意願往這個領域發展的學員，可以試著參加這堂課。或許是網紅這個詞吸引了大家，一開始有十六位同學報名。然而，由於學費並不便宜，再加上我頻頻考驗他們的決心，最後我收了十二位同學，其中有十一位同學順利結業。

在為期四個月的課程中，我出了八個作業，「叫苦連天」是這段期間最常聽到的成語。畢竟影音這種事，光上課根本就沒用，要練習才有用。在我逼迫要求之下，大多數的同學都能完成挑戰。過程中包含兩次各半天的實體課程，一方面傳遞一些觀念，二方面也驗收成果，一直到最後一天的成果發表。

我對成果發表的想法也很多元，由於一定要讓學員覺得物超所值，於是我安排了許多他們意想不到的橋段，讓大家驚呼連連。內容如下：

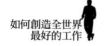

1. 邀請網紅推手許景泰先生、知識型網紅代表許皓宜小姐等兩位知名評審現場指導。
2. 募集二十一位「說出影響力」的學員與觀眾，每位負擔兩千多元入場費用。他們除了能進場學習之外，也能擔任陌生評審，給予最中肯的意見。
3. 陌生評審給予意見的方法，不是說出好聽的話、鼓勵的話，而是用「錢」投票。我把他們所支付的兩千元入場費中的一千元，換成十張一百元的玩具鈔，發給他們，讓他們在成果發表結束後，投入他們覺得講得好的同學的箱子中，他們可以將一千元全部投給同一個人，也可以分散投票，由他們自己決定。這樣做的好處是：避免讓憲哥或是評審的意見流於一言堂，讓觀眾有參與感，此外，對於參賽學員也有激勵作用，因為觀眾投票的玩具鈔，最後都會換成等值現金，作為他們的獎金紅包。
4. 送一支專業影片：成果發表結束後，學員們稍做休息，接著進棚錄製一支影片，由 SmartM 團隊負責後製成一支專業影片，讓學員做為未來網路行銷的素材，而且製作費包含在報名費中，不需要額外付費。

5. 影片完成之後，以一個月為期限，讓學員們將影片放在網路上，供廣大親朋好友以及陌生觀眾觀看，測試一下點閱率。點閱率較高的前幾名學員，可以獲得獎金。

課程之後的總檢討：

1. 報名的十二位學員中有五位持有 VIP 黑卡的學員，但由於本班僅提供兩位免費名額，因此，這五位學員必須平均分攤三位學員的課程費用，皆大歡喜。因為他們可以用相對較少的錢，上到紮實的課程，我也解決了 VIP 黑卡學員無課可上的問題。
2. 我以相對低的製作費請大大學院幫忙製作影片，除了鞏固交情以外，Jerry 也可以自學員中物色值得扶植的潛在人才。此外，製作團隊經理與現場的年輕工作者與助理們，也可以學習大神們的專業知識，擴展視野。
3. 「說出影響力」的二十一位學員可以藉此觀摩憲哥的課程，並親身參與其中，未來也可能是下一班的潛在學員。

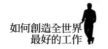

4. 在這個案子中，我只賺取極少的錢，除了因為必須付出高額獎金、三天教室租借的費用、影音製作費以外，我還必須批改學員們所提交的八次課程作業，過程中所投入的時間與心力，不是金錢可以衡量的。再加上有部分學員錯過某次跟我的一對一指導與對談，我還把他們另外召集起來，請大家吃飯喝茶，總之，我花的時間與金錢真的很多。
5. 我認為這次課程的成果非常豐碩，是我很喜歡的一門課。

專業，就是讓大人小孩都聽得懂

在這次的課程中，現場共有觀眾二十一位，每位手持十張一百元票券，加上每位評審手上也各有十張一百元，共計二百四十張。前三名獲得近六十%的選票，這也象徵著網路觀看者的特性，贏家通吃。

最後列出課程中獲得名次的同學：

1. 林治萱（居家護理師、創業者）：現場獲得投票獎金七千二百元（得票率三十%）。
2. 朱為民（安寧緩和醫師、TED 講者、知名作者）：

現場獲得投票獎金三千六百元（得票率十五%）。

3. 王南淵（藥師）：現場獲得投票獎金三千二百元（得票率十三點三%）

後面六位分得四十%的選票與獎金。

另外，在網路點閱率競賽中，表現優異的同學如下：

1. 戴大為（成大骨科醫師）——關節退化與骨質疏鬆
2. 林治萱（居家照護護理師）——行動不便的爸媽如何照護
3. Emily（空姐報報粉絲團版主，資深空服員）——如何打造網紅
4. 朱為民（台中榮總家醫科醫師）——爸媽老年和與臨終照護
5. 劉沁瑜（輔仁大學營養系副教授，《吃出影響力》作者）——營養學與吃的科學

我想，光看到以上這些學員的陣容，應該不會將它聯想成奇奇怪怪的網紅課了。事實上，它是一堂將艱深的專業說到連阿公阿媽都能聽懂的影音轉譯課。

我很以他們為榮。最後，補充幾位先前沒提到的學員，他們的專業表現，也十分令人激賞，他們分別是：

游懿聖醫師（皮膚科醫院院長、作家）——秒懂肌膚專業

榮必彰先生（科技業主管）——故事爸爸的故事課

吳素欣小姐（保險業專業顧問）——大器晚成的職涯規劃

莊舒涵老師（企業內訓、作者、卡姊粉絲團版主）——時間管理與個人生產力

楊坤仁醫師（高雄榮總急診科，大人醫醫糾粉絲團版主）——匠人精神

楊為傑醫師（小兒科，診所院長、白袍旅人粉絲團版主）——等待錄製中

第二屆也於 COVID-19 新冠肺炎疫情期間離線展開，其中也有許多很強的選手：簡報冠軍鄭凱倫醫師、統一豆漿代言人趙函穎營養師、泰國蝦蝦公主段宛菁、演講冠軍沈明萱醫師與林政緯老師、教學冠軍游皓雲老師、陶育均老師、郭亮增醫師等共十五位，陣容堅強，值得期待。

LEWIS 原則的運用分析

幫助他們，就是幫助自己。

如果錄影前不對他們嚴格，影片上架後會讓別人來告訴自己，我不夠盡責。這個案子，是我所有課程中最嚴格的。三個月內，一共八項作業，對於每一位學員的每一項作業，我都認真回饋。影像這種東西，多少靠天賦，但苦練也是有用的。先展現出專業，加上鏡頭與影像，就能幫助他們說出影響力，甚至登峰造極。

看看彼此手上有什麼牌，再看看缺乏什麼，我扮演整合平台資源的角色，任何一點資源落到我手上，都要轉換成更大、更有用的資源。

成為你們自己，不用成為第二個憲哥，這就是你為何而戰的理由！

	L	E	W	I	S
知識型網紅私塾教練班	藉由網路與影音市場兩大槓桿，期待從線下再走回線上	無須把他們訓練成我，我更發覺他們的自身優勢	影音需求成為剛需，順勢培養接班人	觀眾投票，這個點子很新鮮，結合世紀智庫的團隊，成功建立次軍團	效果雖然短期未能出現，但我相信這二十幾位專業者，學會該技能後，一定可以有更好的人生第二曲線

24 快樂的運動旅行

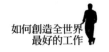

想更認識一個人？一起去旅行吧！

時間：二〇一六年至二〇一九年

地點：海外（日本但馬市、瑞典馬爾摩、日本東京、韓國首爾、中國徐州等）

三方：憲哥、運動愛好者、好友們

關卡：憲哥太忙，沒機會休息或與家人相處

我喜歡旅行，但以前僅止於出國上課，而大部分都是去中國大陸，一面忙碌上課，外加最多半天的旅程，沒旅伴，也沒太好心情，而且趕回台灣後，接續還有其他課程，如果是課程加旅行，其實一點也不好玩。

印象最深刻的是，十多年跟盟亞同事去東北的哈爾濱市看冰雕，室外零下二十五度的低溫，外加室內二十五度的室溫，光是溫差，就教人有夠受的了。當時還有去康師傳全國動員大會授課的任務，在東北冷冽寒冬的包圍下，我一輩子都難忘。

後續我跟盟亞的員工旅遊也去了海南島、馬來西亞吉隆坡等城市，跟一群女生出去玩，真的很有趣，不過我們之間畢竟還有股東與合作對象，以及講師與同事的關係，相較於跟朋友出國玩，還是有些不同。

不一樣的旅程與風景

運動旅行就不同了。

運動旅行的經驗，首推二〇一四年時我與周碩倫老師一同前往日本但馬市與阪神甲子園，觀看世界盃身障棒球賽的經典賽事，雖然在台、日、韓、美、波多黎各五隊當中，台灣隊只取得第四名，但身障者的運動精神，鼓勵了我們許多。

這個活動其實也是隔年六月，我所號召舉辦的「滴水穿石人生逆轉勝」中，認識身障棒球隊的濫觴。

周老師對於日本自助旅行的熟悉程度，讓我很羨慕，我也希望有一天跟他一樣，能夠玩到如此厲害，我也第一次體會到：「要熟識一個人，就從跟他一起旅行開始。」

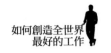

一年之後，我與認識三十年的好友何光城，一起前往北海道與札幌旅行，我才理解在日本自駕旅遊，以及與男性好友一起旅行五天的真正樂趣。還有，這次旅行回國後，我沒來由的正式宣布戒酒。

接著，我費心安排參與我國景美台師大拔河聯隊，遠赴瑞典馬爾摩參加世界盃拔河賽，堪稱我運動旅行紀錄上的一絕，除了可以享受運動比賽的快感外，並可親身體驗運動張力，協助拔河隊伍做文字與影像轉播，讓更多台灣民眾理解拔河運動。除此之外，我也藉機前往歐洲旅行，幫助隊伍募款，真是一舉數得的好活動。

於是從二〇一七年開始，我就持續一路規劃相關的運動賽事旅行，結合當地的城市之旅，加上幾位好友同行，共同創造了許多人生難忘的回憶。

首爾高尺巨蛋球場世界棒球經典賽。同行者有林芷誼夫妻、陳旪仲家人、葉俊佑家人、許敏榕夫妻、張國安、戴啟彬、葉偉懿、戴祥、莊舒涵、王曉萍等浩浩蕩蕩一行人，共二十二位憲哥好友一同前往，雖然台灣兵敗首爾，但這次運動旅行，十分成功。

上海與杭州憲哥家族的訪友行程。事前聯繫在大陸工作的翁甄蔚、陳本宗、葛良駿、林郁宸、徐瓊瑾、黃珮婷等好友，結合台灣出發的林佑穗、王櫻憓、蔡湘鈴、莊舒涵等幾位家族成員姊妹花的旅行活動。

馬來西亞吉隆坡演講。這場以新創圈朋友為主的演講行程，讓我跨出中國大陸，首度在馬來西亞演講，隨行有許景泰與鄭均祥兩位事業夥伴，我們一起體驗東南亞市場的無比商機。

東京巨蛋世界棒球十二強賽事。同行的旅伴有許敏榕夫妻、莊舒涵、黃鈺淨、王曉萍，本次活動返台之後，我開始了長達一年半，對抗宿疾的昏暗歲月，直到去年確診罹癌。

徐州世界盃拔河室內賽。呂淑蓮家人、葛良駿等 Mr. Host 同仁夥伴、郭永慶家人、莊舒涵、王曉萍、黃鈺淨、許敏榕夫妻、林怡平家人、郭燿維等一行十餘人參加，也是我們首次的中國運動行程。

洋基、費城、波士頓的美國 MLB 與 NBA 之旅。旅伴是長子謝易霖與大學同學，我還與美國當地的朋友趙良安、蘇煜升、王啟恩、王偉成等碰面，回程後與長子合出了一本書《20 歲小狼 · 50 歲大獅》。

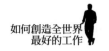

大阪世界身障棒球賽以及阪神甲子園。廖怡雯、莊舒涵、王曉萍、許敏榕、黃鈺淨，本次回程遇到日本颱風，大阪機場封閉，緊急轉往東京回程，驚險萬分。

東京巨蛋世界棒球十二強。我獨自一人快閃日本四天，見證以台灣職棒球員為主的國家隊，這幾年來首度在海外的首勝（台灣勝澳洲）。

工作、玩樂、又有意義

當然，我與我的家人，這幾年也跑了日本大阪、京都、神戶、名古屋、沖繩、合掌村、黑部立山，以及荷蘭、比利時、盧森堡、泰國曼谷華欣、印尼巴里島、韓國釜山、土耳其與伊斯坦堡十天，每個地方都有我與家人出遊玩樂的甜美回憶。

正因為我的工作時間可以隨心所欲安排，以錯開忙碌的時段，有收入，有得玩，還能幫助他人，又能串聯朋友一起做些有意義且快樂的事，這真的是天底下最幸福的工作了。

這是我所有工作組合中，最棒、最沒有壓力的部分，尤其有機會在海外看到中華隊的好成績，對我而言堪稱人生幸福指數最高的時刻。

LEWIS 原則的運用分析

以前總想著退休後，要環遊世界，COVID-19 新冠肺炎爆發，疫情大敵當前，這也太奢求。那不要退休，繼續工作，很抱歉，疫情大敵當前，也沒什麼工作。乾脆在台灣遊玩好了，很抱歉，疫情大敵當前，這也很奢求。回過頭才猛然發現，原來以前常說的：「很多事現在不做，以後也不會去做了。」這句話是真的。

感恩我有旅伴，謝謝自己知道借力使力，喜歡自己可以發揮創意過生活，清楚知道為何這樣過生活，慶幸懂得讓一加一大於二，結合我人生五大興趣中的其中兩項：棒球與旅行，此乃人生一大樂事也。

想更認識一個人？一起去旅行吧！

校稿期間，剛與弟弟開車環島四天，人生一大幸福。

	L	E	W	I	S
運動旅行	旅行結合運動，人生多美好	女生旅伴都能擔起我的不足，我就負責號召	長時間高壓力工作，很悶也很累	我們去了很多有些人一輩子不會接觸到地點與運動項目	一起旅行的朋友，就是一輩子的朋友

Part 4

再好也有風險與轉機

25 如何確保小公司持續成長？

最好的學習就是自己投入金錢實際操作，因為有投資才會痛，有痛才會有進步。

根據以往的工作經驗，公司為了持續成長，運用的方法不外乎是提升開店數、增加業績、培養人才、降低離職率、提高服務品質指標、開發新產品、提升市占率、以台灣為核心開拓新區域（如東京、吉隆坡、新加坡等）、創造高利差、培養新作戰部隊等等。

一旦公司盲目追求持續成長，就會走向 Smart Company（聰明的公司），從此衡量好壞的指標變成各種數字。為了追求更漂亮的數字，所付出的代價可能就是高競爭、搶單、削價、挖角，甚至是無謂的軍備競賽。

相較之下，今天我這類型的小公司或工作組合所追求的是 Healthy Company（健康體質的公司）。對我來說，所謂的公司成長包括低離職率、正確的合作分工策略、沒有鬥爭與角力的工作環境、不用選邊站或分派系、持續尋找好的策略夥伴、篩選組合的工作、安排優先順序、關注自己身體與心理的健康狀態。

聽明的公司與健康體質的公司，兩者看似相近，本質上卻有明顯的不同。健康體質的公司追求的是刻意的小，聰明的公司追求的是盡量的大。我就非常重視保持靈活彈性、具備因應變局的能力、維持競爭力，尤其是自己的學習與成長，絕對是讓工作組合成功的關鍵。

體質健康，健康成長

所謂「逆水行舟，不進則退」，如何健康地追求公司成長？在此分享幾個祕訣：

1. 不求立體感的 X、Y、Z 軸三變數全面提升（可以想像成營業額、利潤、成長率或其他你認為的重要 KPI），而是一方面縱向挖深（深化品質），一方面橫向擴張（擴張產品線），一次只做一件事，每件事只有一個目標，那就是三贏。
2. 與外部單位合作時，如果無法帶來綜效，就不值得做。綜效是三贏合作的實質成果，有明確的目的，可以是金錢，可以是名聲，可以是位置。

3. 由於公司規模小，不會一次就帶來很大的成果，能投資的現金或資本也不會太多，但能讓時間發揮複利效益。也許，從開始創業到成功要很久很久，但是從成功到非常成功只要短時間，例如我投入的廣播、專欄都是這樣。
4. 你拿你要的，別人拿別人要的，不要奢望全拿。退一步，得一點；退兩步，得兩點。讓對方有利可圖，你也有利可圖，就值得去做。
5. 先付出，讓對方產生信任感，未來對方也會相對付出。

而我認為的衰退，只有以下兩種形式：

1. 自己不再進步，機會就會倒向他人。
2. 體力下滑，不能也不想做其他事。

事實上，人不是因為老了而不學，而是不學才變老。學習的心態與方向，正是工作組合成長的關鍵。

我的學習向來遵循四個原則：

1. 凡是大家一窩蜂學習的，我不會搶進。
2. 最好的學習就是自己投入金錢實際操作，因為有投資才會痛，有痛才會有進步。

3. 與網路趨勢有關的都不要排斥，盡可能多嘗試。
4. 如果學習不會讓自己、組織或事業變得更好，就不用投資時間與金錢去學，興趣除外。

三種增長：紅利、管理、創新

最後，整理一下公司增長的三種可能性：

1. 紅利增長：請關注趨勢，嘗試往前多想三年的趨勢。小公司與工作組合的型態，正因為彈性大，原則精簡，只要抓到趨勢，就能取得先機，例如網路專欄、影音線上課程都屬於這種。我個人判斷是否還有紅利的原則就是，如果別人一直叫我不要做，我會認真思考怎麼做有機會成功，並嘗試看看；反之，我會特別小心謹慎。
2. 管理增長：我的課程分析、課程定位、目標市場、價格策略、事業的策略等，大部分都是看書學習，然後跟好友討論，往往還能夠越辯越清楚。老話一句，看書是最便宜的投資。我的管理增長經驗不全然是對的、好的，心得就是：失敗的經驗，通常更可貴。

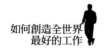

3. 創新增長：如同名廚，在廚房中要掌握豐富的資源與材料，並要有更多、更好的創意思維，去組合它們，做出與眾不同並令人驚豔的料理，我認為這是大廚變成名廚的關鍵。想出新點子是我的工作之一，「與其更好，不如不同」。我總在思考能有什麼不同的工作組合，而先決條件就是盡可能蒐集夠多的資源與材料，才能創造出不同的組合與變化。

我不全然是自由業，也不全然是小公司，我是自由的小公司，既自律、又自由，也能賺錢、又能助人，它的名字叫陸易仕（LEWIS）。

26 想要高毛利、低成本？

先讓市場接受你、歡迎你之後，再談價格。

高毛利、低成本是知識型產業的特徵，但相對風險也極高。

最小作戰單位

創業者很嚮往「高毛利，低成本」。對我而言，現金才是一切，營業額可能都是虛幻表象，真正有利潤能賺到錢，才是關鍵。

在創業的前十年，公司就只有我一個人，換言之就是一人公司。我是透過大量外包、承攬等合作方式，生存下來。更重要的是，憑著我授課的專業技術與口碑，還有之前養成的業務能力，即使僅有一人，也可以持續開拓疆土。

我所謂的外包與承攬，其實就是管顧與講師之間的配合模式。大多數講師並沒有聘請員工，最多只有一名助理，

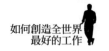

而助理往往還是另一半。我的情況並非如此，我的另一半不太干涉我的事業，在工作上，我孤軍奮鬥了十幾年，雖然很辛苦，但也很自由。

管顧跟講師之間的抽成關係，很像房仲與賣方的關係。講師是知識產業的賣方，企業是買方，管顧則是中間人。在合作過程中，管顧負擔了員工成本、業務拜訪成本，以及講義、交通、行政、勞健保險等成本，而講師付出的是與管顧溝通的時間成本，以及授課的時間成本。說穿了，講師就是販賣知識與時間的人。

在以時間為成本的前提下，以下幾件事顯得特別重要：

1. 時間的有效安排。

2. 身體健康的情況。

3. 與時俱進、符合學員需求的授課內容。

4. 與管顧間的拆帳比例。

先來談談拆帳比例。一位講師和管顧間的拆帳比例，和講師在市場上的位置有關。以初入行的講師而言，因為行政與人事成本大多由管顧負擔，因此合作初期，管顧的拆帳比例高於講師。

據我所知，剛出道的講師大概只能拿到鐘點費的二十五％至四十％，也就是說六十％至七十五％都被管顧拿走了。相較之下，具有「高知名度」與「高指名度」的講師，大約可以拿到六十％至七十％，管顧僅剩下三十％至四十％。不過，一位具有高知名度或高指名度的講師會被管顧視為招牌（帶路雞），課程時數一定不多，通常只會排在企業內訓開始的第一堂課，或是幾個重要的指標課程。因此，上課的天數與時數會變少，但是收入可以大幅增加。

自己賺還是讓別人賺？

在不得罪同業與管顧的情況下，在此提供我個人授課的相關資料，供大家參考。

憲哥授課初期：二〇〇六至二〇一〇年。鐘點費大約是每小時六千至一萬元，抽成比例在三十％至四十五％之間，每年上課時數約為九百五十至一千一百五十小時。

憲哥授課中期：二〇一一至二〇一五年。鐘點費大約是每小時八千至一萬五，抽成比例在四十％至六十％之間，每年上課時數約為九百至一千一百五十小時。

憲哥授課後期：二〇一六至二〇二〇年。鐘點費大約

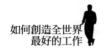

是一萬二千至兩萬五之間，抽成比例在五十％至八十％之間，每年上課時數約為三百至七百小時。

以上數字不含自行接案及公開班的價格，由於市場定位與課程內容不同，報價也會有所不同。

一般而言，自行接案的毛利大約是100％，或者接近100％，但自行接案通常要負擔助理的成本與溝通、管理成本。建議剛開始入行的朋友最好與管顧合作，比較容易打開知名度，在市場上站穩腳步。因為，如果連管顧都不願意用你，或者你的課程並不好賣，貿然租賃或購買教室並聘請工作人員，將導致成本增加。自行接案的成本一旦增高，毛利降低，有可能因此壓垮自己。

總而言之，該給人家賺的，就要給人家賺，不要因管顧的抽成太高而心生不滿，最重要的是，應該先讓市場接受你、歡迎你之後，再談價格。如果你想提升自行接案的比例，或是增加與管顧互動的效率，或是開設公開班，這時聘請一位「助理」，就是必要的選擇了。

我個人是不會請另一半當助理，這純屬個人選擇，無所謂好壞。我很難想像公事與私事能夠清楚分割，如果白天在辦公室兩人意見相左，爭鋒相對，晚上下班回家，氣氛恐怕很難扭轉吧！不過我也很羨慕幾位好朋友夫妻同心，是一起創業的神仙組合。總之，各有利弊。我老婆一直是我的最大的依靠，事實上，她的 KPI 比我還好，包辦家裡的大小事，照顧好兩個孩子，我非常感謝她。

好助理，提升毛利

我的第一個助理，也是唯一的助理：黃鈺淨 Ariel，在二〇一六年來到憲福育創上班，這大概是老天爺給我們的禮物吧。之前，她在合作公司就業情報工作時，常值我的課程，她很細心、貼心，讓我很信任，每次課程合作都很愉快。後來她因為個人私事而離職，由於那時我常辦以夢想為主題的演講活動，她常來幫忙，也讓我發現到她的特質，越來越欣賞她。我們的默契很好，於是我跟福哥、Tracy 引薦，希望她進來憲福育創幫忙。

小我近二十一歲的她，能力好，很用心，凡事都幫老闆多想一步，我的陸易仕國際自接案毛利高達九成五，憲福育創毛利可以有七、八成，她是背後的大功臣。未來在工作與合作方法上，也希望讓她持續成長。

關於成本與毛利，有四點分享：

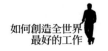

1. 跟管顧以承攬關係合作，將部分行政工作外包給對方，而對方把授課大任外包給你，是一種不錯的合作模式。
2. 必要時聘請一位好助理，協助處理行政事務，效益絕對會很高。
3. 不要自行租賃教室或聘請過多行政人員，以免提高固定成本。營業額雖然很重要，但也不要迷失在數字裡，提升毛利才是王道。
4. 我有兩件事不外包，那就是課程（影音）內容或講義製作，以及時間與行程安排。這是我的習慣，也是工作的核心要務，絕對要掌握在自己手裡。因為，內容不假手他人，成敗由我負責；行程不假手他人，時間由我決定。

27 在網路世界存活，心態要像選總統

跨領域爭取支持，往往需要放低姿態。如果有一天能做到一方之霸，自然不需要靠別人！

總統大選剛結束時，我跟兩位女性朋友相約喝咖啡，一方面聽聽前往大陸發展的好朋友這些年過得如何，一方面祝賀剛出書的好朋友。

有時候，我們會在多年未見的朋友身上，看見過去、現在或是未來的自己。

茫茫書海像股海

我想談談這位剛出書的好朋友。

她的眼中難掩興奮，這是一定的，但興奮的背後，我們聊到一個話題。

「書真的很難賣！」

「妳知道就好！」我這樣回答著。

該位作者在她的專業領域已有崇高地位，許多該領域

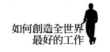

的網紅都曾是她的學生。我跟她分享了行銷新書的撇步與方法，但早在我分享前，她的書早已進入排行榜前段班。

「憲哥，我跟你說，某某網紅幫我做過新書推薦後，我就登上分類排行榜第六名。那位網紅真的很挺我，我很幸運，真要謝謝他。不過，從出版社給我的資料中，我也發現，只賣 XX 本就能進到前六名，在您們那個時代，應該要賣到 XXX 本，才有可能吧？」

「沒禮貌，什麼我們那個時代！我跟妳同一個時代啦！」三人哄堂大笑。

「我是說你出第一本書的二〇一一年當時啦。」

「我知道，跟妳開玩笑的。」其實在玩笑話的背後，三人心中都有一個結論：「書真的很難賣！」

話題繼續。

這位新書作者又說：「出版社行銷竟然說要把我的書，寄給某某廣播節目主持人，也就是另一位網紅，氣死我了！」

「這有什麼好氣的？我覺得很好啊！」

「那個主持人很不入流，而其他幾個網紅，根本就是我的學生，哪有老師的書寄給學生，請學生幫忙推薦的？

有一個還時常提供錯誤訊息，教人家的方法都是錯的，這樣不僅害死人，也玷汙了我的書，只因為他有流量，恨！」

她好生氣地說著這一段話，我跟另一位朋友悶不吭聲地繼續喝了口咖啡。

網路世代，經營心態的轉變

閒聊、打屁時的談話，不一一細說，不過對於這個故事，我想分享自己的五個觀察：

觀察一，進入新領域，心態要像選總統：不管你在哪個領域享有高知名度，一旦寫書出版，很可能會面對非同溫層的讀者，或者是根本不知道你的人，這個時候調整心態是必要的。說選總統也許有些誇張了，要不就是選立委、縣市長好了，至少有個心理準備：即使認識你的人都不可能全部投給你了，更何況想當選，需要的是那些原本不認識你的人手中的選票。因此，要先調整好心態，再進到書市，當然，「書市」可以替換成政壇、演藝圈、網路圈……。

觀察二，十年來排行榜的差異：「我那個年代」要賣兩萬本才能算暢銷書，或許現在賣三、五千本就算銷售不

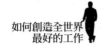

錯的書籍;「我那個年代」要賣個XXX本才能進到第六名，現在只需要 XX 本就能進到第六名。其實，這個現象跟唱片、CD 市場是一樣的，除了顯示書很難賣以外，也說明了，如果不改變心態、作戰方法與獲利模式、來源，很難不被市場淘汰。

觀察三，政治人物都要蹭網紅，作者的心情就放輕鬆吧：某位知識型網紅如日中天的時候，跟知名歌手只是輕描淡寫地推了一下某本書，那本書就能占據排行榜數月之久，當然前提是書的內容很好。因此，若有網紅或廣播主持人願意加持，要在乎的或許不是網紅的人品或格調，而是他的流量。只要想到總統候選人都要蹭網紅來爭取年輕人的選票，大家何不放輕鬆？只要那個坎過了，心裡就沒有甚麼不平衡了。

觀察四，網紅也不必太高興：有人需要你，是看上你的流量，未必是尊重你這個人，如果兩者兼備，當然最理想。能有巨大流量的網紅，通常具備一些特殊才能，加上持續努力，有時也要運用一些特殊方法。然而，特殊方法用多了，難免會得罪人，或是招人眼紅。也因此，持續自我精進，獲得他人尊敬，打從心底樂於合作，才是長久之計。

觀察五，作者本身的逆向思考：跨領域爭取支持，往往需要放低姿態。如果有一天能做到一方之霸，自然不需要靠別人！想想看，在自己的領域，都是別人來求你；若只是安於現狀，通常不會想出書，並與讀者大眾交流。既然決定寫書出版，進入茫茫書市，就要調整心態，期許自己有一天也能做到讓別人來求你直播，或是請你來推薦。

這五點觀察，是否也道出許多人心目中的真實想法呢？

28 成也粉絲，敗也粉絲

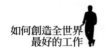

粉絲人數增長的過程，就像爬高梯看風景，人數越多，風景越好，但風險相對也越高。

創業者一定會很想成立粉絲團，就算不是自己管理，也會叫小編管理，因為粉絲團既不耗費行銷成本（除非買廣告），門檻也低，又能趕時髦，而且能跟粉絲互動，不是很好嗎？

我在二〇〇九年六月開設個人臉書帳號，但「謝文憲——憲哥粉絲團」是在二〇一一年三月出版第一本書時才成立，至今已成立九年，粉絲人數才四萬六千人。

根據我的觀察，粉絲人數增長的過程，就好像爬高梯看風景，人數越多，風景越好，但風險相對也越高。下樓梯時，一不小心就會發生雪崩式的跌落。而擁有大批粉絲人數的粉絲團版主，通常會出現幾個現象：

1. 表態並非真像，而是粉絲想要看的。
2. 表態非心中所想，盡可能政治正確，

3. 索性不表態，粉絲數就增加有限。

4. 講真話，粉絲人數就會急遽下降。

也因此，穩穩地經營粉絲團，很難吸引大量粉絲按讚；一旦發言激烈，又可能會引起退讚潮；採取偏鋒發言，或者變成網紅之後，還有經營與市場的壓力，有人甚至出現情緒障礙或焦慮等問題。因此，在開設粉絲團前，請謹慎思考。

我的粉絲團主要是分享我在各平台的職場專欄文章、當日課程心得，或者出版、廣播、影音節目上架等訊息。我發現，如果發一些跟職場不相關的文章或照片時（例如去美國、土耳其旅行的照片，憲哥彈鋼琴的初學影片等），當天晚上就會有人退讚，人數大約三至十人不等。每次在後台看到有人退讚時，心裡難免會不開心。

如果創業者是版主

創業者若也有類似的感受，在開設粉絲團時，不妨考慮以下四點建議：

1. 經營粉絲團，重點在於「粉絲」二字。會追蹤你發文的人，若非喜歡你這個人，就是喜歡你的專業呈

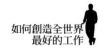

現，但絕不是你的任何言論，粉絲都能照單全收。因此，有關政治、宗教、性別等敏感議題，建議蜻蜓點水，點到為止，或者以逗趣一點的角度發言，避免敏感的字眼，才不會引起爭端。此外，一個粉絲團不要跨足太多不同的專業領域，以免看似樣樣通，實則樣樣鬆。

2. 不必太在乎粉絲人數的消長。如果真的很在意高高低低的粉絲數，建議不要經營粉絲團，否則就不要亂發言。若真的感到不吐不快，或是還有「只要我喜歡，有什麼不可以」的心態，那就將那些粉絲數視為一陣來得快去得也快的潮水，千萬要放寬心。
3. 我認為只著重於線上經營而缺乏與「真人」接觸的粉絲團，粉絲的黏著度都不高，純粹當作商業經營即可，不要對線上粉絲太認真，也別在意某些看似非理性的發言。除非真的認識對方，或是那其實是真實而懇切的建議。我自己是先發展線下課程之後，才開始經營線上粉絲團的，每當有新書發表會或影音線下見面會時，都有機會和粉絲見面，我覺得這點很重要。

4. 粉絲團上的活動就是商業活動，否則版主為何要寫免費文章、發表免費新知、告訴你哪一集廣播訪問誰、個人的職場觀點，或者提供免費影音？其背後目的都是商業行為。版主除了想透過粉絲數的增加帶來商業利益之外，也希望提高粉絲的黏著度，增加未來的代言或商業合作機會。有人願意按讚或購買商品當然很好，就算有人退讚，一走了之，也不必太在意。

總之，因為網路走紅，有一天也可能會因為網路翻黑。就像晃動鐘擺，晃小有晃小的玩法，晃大有晃大的風險。經營粉絲團，維持一至五萬個粉絲數可能就是個還不錯的規模。

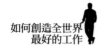

29 別落入「偽裝者效應」的深淵

小心！或許打敗你的不是別人，而是你自己。

之前，一位創業許久的同業朋友 E 哥打電話給我。接通後我有些後悔，不該接起電話，本來答應家人外出消夜的美事，硬是被這通電話耽擱了，老婆還因此十分生氣。

我要是不把這件事寫出來，真心覺得太可惜。

E 哥跟我不同領域，因為我們都曾在企業教育訓練領域打拚，彼此的感情其實比同業或一般朋友更好一些。沒事的時候，還會出來聊聊天，交換彼此的心得，業界能有一個可以聊天的朋友，很是幸福了。

跨年晚會的玄機

他向我吐露一件他心裡的疙瘩：

八年前，他從企業離職，轉戰職業講師。雖然一開始並不順利，但憑藉著鑽研與深究精神，加上他堅持的毅力，逐漸在業界闖出一片天，算是人人稱羨的績優講師。

幾年前，他想要培養幾位徒弟，也期待為自己的管理顧問公司增添一些新血。在幾次的互動課程中，E 哥把他的祕訣與心法，毫不保留地跟幾位徒弟說明，知無不言的 E 哥，當時心裡面想的可能是「回報」二字。

隔了半年，他發現徒弟中有兩人出現異狀。

我問：「你發現什麼？」

他回：「說出來就氣。他們把我的課綱都照抄下來，在外面開課了。」

「收費如何？」

「大約我的三分之一。」

我可以聽見電話那頭他心裡的氣。其實有句話我沒跟他說，他並不是第一個跟我說這類事的人。

當天我沒有嘗試說服他，無論從好的或是壞的方面都沒有，我只跟他說了一個小故事：

歲末年終，各地都有跨年晚會。幾年前，謝金燕以電音女王之姿，成為各地跨年晚會主秀。在此之前，我認為阿妹是最紅的，她不僅陪伴我度過年輕時在職場征戰的歲月，也和我一起度過了每一年的年終跨年晚會。

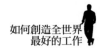

世代更迭，謝金燕竄起，雖然她不是阿妹的徒弟，但我問 E 哥：「如果你是阿妹，在電視機前轉著各台，今年都沒有你，各台都是謝金燕，你的感覺是什麼？」

「當然不舒服啊！」

「如果你知道謝金燕的價碼是阿妹的三分之一（我只是打個比方，不是真的三分之一），如果你是阿妹，你的感覺是什麼？」

「好像舒服一點。」

「如果知道對方價碼只有自己的三分之一，而今年你不是不接跨年晚會，而是即將在過年後發行新專輯，目前正在跟舞群密集排舞，這樣的心情又如何？」

E 哥回：「我懂了。」

我接著說：「你的課上得好，成功並非偶然，定位也很清楚。這幾年靠著努力有所成就，不用為這件事煩心，你還要努力的只有一件事。」

「什麼事？」

「價格差三倍太少了，看能不能拉開到五倍，這樣你就會更舒服一點。」

我們在電話中開懷大笑，掛了電話，準備出門吃消夜，這時老婆臉色很難看。

在羨慕他人之前，自己可以做的事

從這個案例中，我想分享兩件事：

第一，偽裝者效應。

第二，小有小的好，大有大的惱。

心理學有個專有名詞叫作「偽裝者效應」，它是常出現在成功人士身上的一種現象。有偽裝者效應的人，無法將成功歸因於自己的能力，總是擔心有朝一日會被他人識破自己根本沒實力。於是盡可能偽裝為成功者，或者努力不被他人看出自己是靠運氣才成功。也正因為如此，他們讓自己跌進無底深淵中。

其實 E 哥也有這類問題，因為長期對自己沒有信心，有了一番成績後，又面對突如其來的競爭，以至於看事情時失去焦點。

有這類心理疑慮的人，堅信他們的成功並非靠自己的努力或能力，而是憑著運氣、良好的時機，或別人誤以為他們能力很強、很聰明，因此才成功的。即使事實證明他們確實具備優秀才能，他們還是認為自己只是騙子，不值得獲得成功，而且會越發將自己偽裝成一個值得尊敬的成功者。

從我的角度來看，E 哥之所以有這類症狀，其實就是對自己失去信心，或者說不習慣競爭。有類似情況的創業者，應該強化心態，多方涉獵，尋找業界導師，千萬別在被別人打敗之前，就先被自己給打敗了。

市場上或者就在我們身邊，有這類症狀的人其實並不少，自己明明很好，但經過比較之後，卻覺得自己是山寨品。

另外，這個例子也告訴我們，網路時代的個人創業者，通常不甘於小，一旦想要做大，又沒有做大的本事。其實公司規模小，可以專注於發揮專長，收益也能隨之成長；一旦想要擴張，思維就要完全不同。若是既想要擴張，又期待同一領域內無競爭對手，怎麼可能？

最後，分享我對這案例的後續觀察與思考方向：

1. 如果你的專長透過幾堂課的教學，就被徒弟學走，並且用三分之一的價碼複製內容，我想，這應該就不會是你的專長。或者說，你應該更小心謹慎面對你所謂的專長。

2. 可以複製的是講義與課綱，無法複製的是什麼？很值得進一步去思考。
3. 繼續思考：三分之一的價碼所代表的意義是什麼？有辦法拉大差距嗎？
4. 個人創業者一定需要培養徒弟嗎？有徒弟以後，師父還需要扮演跟徒弟一樣的工作角色嗎？還是應該退下來，專職扮演好教練或是抬轎者呢？
5. 業界都有競爭，這應該不用我多說了吧？
6. 當你在進行所謂的「善念傳承」時，心裡如果都想著「回報」二字，這豈是災難二字能形容的？

網路世代的工作模式，已大大不同於以往。阿妹與謝金燕的例子告訴我們：「大家看到別人有多好，都不再強調自己有多好，因此認識自己，永遠比羨慕他人更重要。」

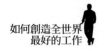

30 知識工作者的危機處理

見好就收，尋求下一座可以挑戰的高峰。

任何工作都有其風險，在自行創業的十四年間，我曾遭遇以下這些風險與危機：

1. 身體健康的風險與罹癌危機。
2. 主動收入比例過多的風險。
3. 溫水煮青蛙的風險。
4. 大環境改變的危機。

現在回顧，自己能夠安全度過這些危機，靠的是敏銳的觀察與見好就收的心態。

身體健康的風險與罹癌危機

十四年來，我一共遇到三次重大的健康危機。

第一次，也就是自行創業後的第三個月，因坐骨神經壓迫，導致左半邊嚴重疼痛，在大陸發病，坐輪椅返台治療。治療期間休假二十一天，自此開始有戒菸的念頭，並且培養游泳的運動習慣。

之後，兩度在大陸受傷，這些都沒有太大影響。倒是因為長期站立，以及左手握麥克風的關係，導致膝蓋、腰部、左肩都有大小不一的職業傷害，讓我體認到一件事：再會講課，人都是會老的。

第三次是去年確診罹癌。三年前，就有個症狀一直困擾著我，兩年前情況變得嚴重，靠著三總曹智惟醫師的長期細心診療，最後由他為我動刀，並發現自己罹癌。

如果要問生病影響多少課程？潛在的影響看不出來，當時因為急診耽誤了兩堂課，先是延期，之後盡快把課程補上完，沒有影響太多營收，而是影響了我的價值觀。

這件事情讓我的人生觀有很大的修正，除了體認到人生應當及時行樂、把握當下，我也認知自己的極限與能力，開始懂得放慢速度，追尋真正的自我，不再過著迎合他人的生活。

主動收入比例過多的風險

我們這個行業是有上課才有收入，沒有上課就沒有，雖說採取小企業、一人公司的經營模式，風險相對小，但如果收入模式過於單一，也是一個很大的風險。十年前，我開始認知這件事，因此積極布局寫作出版，連同之後的專欄寫作，以及幾年前開始投入的影音事業，都是為了分散收入過於單一的風險而開始布局的。

除此之外，房屋出租的租金收入，以及不動產經紀人國家考試執照可長期出租的金雞母，長期帶來被動收入。雖然占總收入的比例不高，但房租與證照收入可以負擔全家的人身保險費用。再加上現金為王的財務哲學，除了日常開銷、兩個兒子的高額的教育費、自己的學習、出國旅遊、跨領域事業投資，以及債券型基金與保險的投資以外，現金都存在銀行裡，隨之而來的利息也是一筆收入。

三年前購入新宅，房價加車位連同裝潢逼近兩千四百萬，貸款五十%，並在三年之內全部還清。我不想讓自己以及家庭，長期暴露在房貸壓力下，或許你會說：「憲哥不懂得用槓桿操作財務。」或許也對，但對曾在銀行工作過的我而言，借款利息與利息收入兩者的利差再低，我都要有「某一天，我萬一不能工作」的高風險意識，全盤思考我的財務狀況。

我的規劃是，退休之後，靠被動收入養活我跟太太，至於兩個兒子就讓他們各自單飛，「留愛不留債」。

溫水煮青蛙的風險

我做事向來的準則是，一旦事業到達設定目標就急流勇退，絕不戀棧。

我的講師事業在二〇〇六年起步，並在二〇一〇至二〇一四年創下高峰。當二〇一六年四月達到一萬小時職業授課里程碑後，我便宣布退休，降低授課時數。從每年一千至一千兩百小時的年授課量，調整至今只有四百小時，當然鐘點費也提高一至二倍，用單價與時薪去控管授課時數總量。

二〇一三至二〇一九年，我從事了七年的廣播主持人事業，目前只有在環宇電台的憲上充電站節目繼續經營。除了希望讓年輕人接棒外，主要也是因為廣播是我的興趣，某種程度算是達成階段性目標，未來希望將部分時間空出來，做更多我想做的事。

從二〇一〇至二〇二〇的十年間，我已經出了十本書，專欄也寫了七年，這些都到了慢慢踩煞車的時候了。

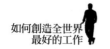

一旦往後的作品不會比前面好、專欄不會更受歡迎、開創新藍海不見得能超越洞悉機會所帶來的好處，便是到了見好就收，尋求下一座可以挑戰的高峰的時候了。

或許有一天，當我的影音事業、憲福育創公開班都到達所設定的目標後，我也會選擇離開，不過這兩個部分目前都還有努力的空間。

對我來說，從事講師工作久了，就如溫水煮青蛙，很容易出現授課內容千篇一律、心態與溝通語言千篇一律、教學方法沒有與時俱進、未能以學員為出發點，我隨時都會提醒自己絕對不可以犯這四個問題。

該斷就要斷，該堅持就堅持，能夠分辨何事該斷、何事該堅持的人，就是智者，這方面我還要繼續努力。

大環境改變的風險

近年來，出現兩次大環境改變的風險，一次是二〇〇八到二〇〇九年間爆發的全球金融風暴，一次就是二〇二〇年新冠肺炎侵襲全球的疫情。兩次都衝擊企業課程，致使業界整體開課時數下修。長期以來我一直嘗試調整經營策略，不將雞蛋放在同一個籃子裡，持續強化自己，避免過度依賴他人，也不斷精進自己，致力於跨平台整合，力求產生綜效，尤其時時提醒自己，不能做到累垮，遇到危機時才能有效因應。

在金融風暴期間，我的課程時數與收入並沒有減少，主因有三：

1. 積極開發主管類型課程，增加產品線的深度。
2. 積極開發多元類型課程，增加產品線的廣度。
3. 授課的產業與課程產品都很多元，不會大幅受到單一環境因素影響。

也是因為金融風暴，以及當時正面對四十歲的人生關卡，我興起了寫書的念頭。

至於新冠肺炎對我所造成的衝擊並不大，主要是因為授課時數與內容早已調往高端，加上事業布局多元化，受到單一事件影響的程度已經很低了。接下來，我的策略是更積極往影音（線上）前進與布局，此舉也與我自己想增加被動收入的方向一致。

這本書的主要撰寫期間，就在 COVID-19 新冠肺炎爆發期間，許多人排隊搶口罩，擔心這、擔心那，我在家裡寫書，兩個月內完稿，也是我人生寫書十次經驗裡，最集中、最專注、最有效率的一次。

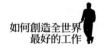

巴菲特說：「別人貪婪，我恐懼；別人恐懼，我貪婪。」知識工作者，要在學習上貪婪、求知上貪婪、思考上貪婪、要求學員與自己在自律與進步上貪婪，切莫在物質生活上貪婪，在金錢比較上貪婪。

我很喜歡讀到的這句話：「學習不是為了得到答案，而是為了要知道有各種不同的答案。」

若不追求創新與改變，就是人最大的風險與危機。

國家圖書館出版品預行編目資料

如何創造全世界最好的工作 / 謝文憲作. -- 初版. -- 臺北市：商周, 城邦文化出版：家庭傳媒城邦分公司發行, 2020.05
面； 公分

ISBN 978-986-477-831-7（平裝）

1. 職場成功法

494.35 109005079

如何創造全世界最好的工作

作　　者／謝文憲
責任編輯／程鳳儀
版　　權／黃淑敏、翁靜如、邱珮芸
行銷業務／林秀津、王瑜、周佑潔

總　編　輯／程鳳儀
總　經　理／彭之琬
事業群總經理／黃淑貞
發　行　人／何飛鵬
法律顧問／元禾法律事務所　王子文律師
出　　版／商周出版　城邦文化事業股份有限公司
臺北市104中山區民生東路二段141號9樓
電話：(02) 2500-7008　傳真：(02) 2500-7759
E-mail：bwp.service@cite.com.tw
發　　行／英屬蓋曼群島商家庭傳媒股份有限公司　城邦分公司
聯絡地址／臺北市104中山區民生東路二段141號2樓
書虫客服服務專線：(02) 25007718．(02) 25007719
24小時傳真服務：(02) 25001990．(02) 25001991
服務時間：週一至週五09:30-12:00．13:30-17:00
郵撥帳號：19863813　戶名：書虫股份有限公司
讀者服務信箱E-mail：service@readingclub.com.tw
城邦讀書花園www.cite.com.tw
香港發行所／城邦（香港）出版集團有限公司
香港灣仔駱克道193號東超商業中心1樓
電話：(852)2508-6231　傳真：(852)2578-9337
Email：hkcite@biznetvigator.com
馬新發行所／城邦(馬新)出版集團 Cite (M) Sdn. Bhd.
41, Jalan Radin Anum, Bandar Baru Sri Petaling,
57000 Kuala Lumpur, Malaysia
電話：(603) 9057-8822　傳真：(603) 9057-6622　E-mail: cite@cite.com.my

封面設計／徐璽工作室
電腦排版／唯翔工作室
印　　刷／韋懋實業有限公司
總　經　銷／聯合發行股份有限公司　電話：(02)2917-8022　傳真：(02)2911-0053
地址：新北市231新店區寶橋路235巷6弄6號2樓

■ 2020年05月05日初版
■ 2023年12月07日初版4.4刷
ISBN 978-986-477-831-7

Printed in Taiwan

定價／390元　

城邦讀書花園
www.cite.com.tw